催眠师手记 I

高铭 —— 著

北京联合出版公司
Beijing United Publishing Co.,Ltd.

图书在版编目（CIP）数据

催眠师手记. 第一季 / 高铭著. — 北京：北京联
合出版公司，2018.6（2025.1重印）
　　ISBN 978-7-5596-2021-7

　　Ⅰ.①催… Ⅱ.①高… Ⅲ.①心理学—通俗读物
Ⅳ.①B84-49

　　　　中国版本图书馆CIP数据核字（2018）第071670号

催眠师手记. 第一季

作　　者：高　铭
出 品 人：赵红仕
责任编辑：李　伟

北京联合出版公司出版
（北京市西城区德外大街83号楼9层　100088）
三河市嘉科万达彩色印刷有限公司　新华书店经销
字数209千字　　　700毫米×980毫米　1/16　24.75印张
2018年6月第1版　　2025年1月第20次印刷
ISBN 978-7-5596-2021-7
定价：55.00元

目录

零

搭档

"是的，之前我并没有开过相关的诊所，也没有和任何人合作过。"他表情平静而坦然地说。

　　我："哦……那你为什么对我感兴趣呢？你怎么就能确定我们之间会有默契，并且足以支撑一个诊所经营下去？"

　　他笑了："我不会看错人的，或者说我看人很准。"

　　我："假如从心理学角度看，你这句话说得很不专业……"

　　他点点头表示赞同："非常不专业。"

　　我："……呃，我还没说完。另一方面，也许是你从专业角度获悉到了什么，使你做了这个决定，但是你并没说出来。"

　　他看上去似乎很高兴："你能有这种分析能力，就证明我没看错人，对吧？而且你也猜对了，我的确从你身上看到了一些我所不具备的素质，所以我才会认为我们很适合做搭档。"

　　我："嗯……谢谢夸奖，能举例说明吗？我并非想直接听到你的称赞，而是需要判断一下你说的是否正确。也许你所看到的只是一个假象，因为在接触陌生人或者不太熟悉的人时，我们通常都会戴上一张面具。"

他点点头，前倾着身体，把双手的指尖对在一起，看着我："我是那种看似比较活跃，其实心里消极悲观的人，所以在大多数时候，我都会用一种乐观的态度来掩饰住这些。而你相对来说没有我沉稳，虽然看上去似乎正相反，但是你表面上的沉稳恰好暴露了你对自己的稳重缺乏信心。但这不重要，重要的是你能够意识到自己的问题，并且找到好的方式来应对，这是我所不具备的。也许我知道得多一些、杂一些，但是应对问题的时候，尤其是那种突发性问题的时候，你肯定能处理得更好。虽然你可能也会有些意外，但你不会表现出来，这正是你克制后的结果。这种素质，我不具备。我正是因为知道得比较多，所以一旦发生出乎我意料的事情，我反而会有些失措——因为我已经自认为周密，但还是出现了意外……你明白我的意思吧？"

我虽然不清楚他分析自己是否正确，但是他对我的观察和分析却很精确。所以，我点了点头。

他带着微笑看着我："你看，情况就是这样，并不复杂，对不对？我都告诉你了。"

我不由得重新打量了一下眼前的他，因为他令我感到惊奇。

眼前这个奇怪的家伙大约在两小时前就开始游说我，打算让我成为他的搭档，因为他想开一家具有催眠资质的心理诊疗所。最初我并没太在意他所说的，因为在学校当助教这些年里，有太多同学和同行跟我提及过，但说不出为什么，我对此没有半点儿兴趣，所以都一一婉拒了。不过，眼前的他却让我多少有那么一点点动摇。这不仅仅是因为他所说的，也包含我对他的某种感觉——我说不清，但是我觉得假如和他搭档，应该会很有意思，也会遇到更多有趣的事情。那将是我之前无法接触到的东西，虽然我并不知道会发生什么。实际上，我从未想过会存在这种有趣的性格的人。一方面，他看起来像个大男孩，具有成人所不具备的坦诚和清晰；另一方面，他又有着极其敏锐的观察力以及可怕的分析能力——只有心思缜密的人才能做到这点。经初步判断，我认为他是一个生活简单、性格复杂的人，而且有着我所不能及的惊人天赋——我指在心理专业方面。

我想了想："那么，除了你所说的这些，还有别的吗？"

他连想都没想："当然！"

他回答得那么痛快，倒是让我很意外："噢……例如？"

他："我没有催眠资质，而你有。"

我："我……指的不是这个。"

他："哦？嗯……那没有了，不过……"

我："怎么？"

他："我是想说，你真的打算继续做助教？真的不要试试看吗？也许会有更多的案例供你参考，也许会有你从书本上和理论上根本学不到的知识，也许你会经历一些超出你想象的事情，那很可能会就此改变你的一生。"

我沉默了好一阵儿后告诉他，我需要考虑。

他点点头，没再说下去，而是开始天南海北地聊其他的话题。

一周后，我们又在这家咖啡馆见面了。我没再犹豫，而是直接给了他一个肯定的答案。

　　他听了后，先是嘴角扬起一丝笑意，然后咧开嘴，并伸出一只手："搭档？"

　　我点点头，也伸出手："是的，搭档。"

　　回想起来，这件事已经过去5年了。

一

夜惊魂

从摄像机的液晶屏中，能看到一个年轻女人坐在对面长沙发上，带着一丝略微不安的表情。而我的搭档此时正漫不经心地坐在她身后不远处的椅子上，翻看着手里的资料簿。

　　调整好摄像机后，我坐回到年轻女人正前方那把宽大的椅子上，保持着身体略微前倾的姿势，注视着她的眼睛，平静地告诉她："放松，就像我开始跟你说的那样——放松。"

　　她听话地慢慢向后靠去，身体逐渐松弛下来。

　　"……很好……慢慢闭上眼，试着想象你正身处在一个旋转向下的回廊里……"

　　她闭上眼，极为缓慢地松了口气。

　　"就是这样，很好，你沿着楼梯慢慢地向着下面走去，仔细听的话，你会听到一些熟悉的声音……"

　　我看到她的双肩也开始松弛了下来。

"……那是你所熟悉的声音……"我尽可能地放慢语速，压低音量，"……楼梯的尽头是一扇木门，慢慢推开……慢慢地……推开门……你就会回到昨晚的梦境当中……"

她越来越放松，逐渐瘫坐在宽大的沙发上。

"3……"

她缓慢地低下头，松散的长鬈发垂了下来，几乎完全遮挡住了那张漂亮却疲惫的脸。

"2……"

她的呼吸开始变得缓慢而均匀。

"1……"

几秒钟后，她发出一声轻微的叹息。

我："你看到了什么？"

一个月前，当读完心理医师的描述记录后，我觉得这像一个鬼故事。

大约从一年前起，这个年轻漂亮的女人经常在半夜睡梦中被凄厉的惨叫声惊醒。醒后，那惨叫声就立刻消失。这种情况只发生在她独睡的时候。据说那个声音凄惨无比。她被吓坏了，想了各种办法——找僧人做法事、找道士画符、在枕头下面放剪刀，甚至跑去烧香、拜佛，但都没用。后来，她迫不得已搬了几次家。但每当夜深，每当她独自入睡后，凄厉的惨叫声依旧会响起，挥之不去。那恐怖的声音快把她逼疯了，甚至因此而产生了幻觉——夜深的时候，她会看到一个中年女人带着一个十几岁的男孩站在自己房间的某个角落，面对着墙——只有她能看到。

她跑到心理诊所求助。

几个月后，她的状况丝毫没有好转，于是无奈的心理医师把她介绍给了我。

"听说也许催眠对我能有些帮助。"她把装有描述记录的档案袋交到我手上时这么说。我留意到她眼睛周围的色素沉淀，那看起来就像是在眼睛周围笼罩着的一层阴霾。

第二天，我把记录交给搭档，并告诉他："昨天拿到的，看上去像个鬼故事。接吗？"

我的搭档沉默着接过来，开始皱着眉认真看。过了好一阵儿，他合上那几页纸，抬起头问我："你刚才说什么？"

"像个鬼故事。"

他依旧没吭声，嘴角泛出一丝狡黠的笑容。

我知道，那个表情意味着这个活儿我们可以接了。

我："你看到了什么吗？"

年轻女人："……街道……一条街道……"

我："什么样的街道？"

年轻女人："……肮脏的……窄小的街道……"

我："是你熟悉的地方吗？"

年轻女人："我……我不知道……"

我："那是陌生的地方吗？"

年轻女人："不……不是……"

和搭档飞快地对视了一眼后，我接着问："能告诉我你看到了什么吗？"

　　年轻女人："污水……垃圾……还有人……"

　　我："什么样的人？"

　　年轻女人："……是……是穿着很破烂的人……"

　　我："他们是你认识的人吗？"

　　年轻女人："不知道……可能……我不知道……"

　　我："他们认识你吗？"

　　年轻女人："认识。"我察觉到她这次没有迟疑。

　　我："他们有人在看你吗？"

　　年轻女人："是的。"

　　我："都有谁？"

　　她："……每一个人……"

　　我："你知道他们为什么看着你吗？"

　　年轻女人："我……不知道……"

　　这时，我的搭档从她身后的椅子上直起腰，无声地拎起自己的衣领，然后伸出一根手指指着自己上下比画了一下。我看懂了他的意思。

　　我："是因为你的衣着吗？"

　　年轻女人迟疑了一会儿："……是的。"

　　我："你穿着什么？"

　　年轻女人："我……我穿着一身……一身……破烂的衣服……这不是我的衣服……"

我："那是谁的衣服？"

年轻女人："是……妈妈的衣服。"

我："你为什么穿着你妈妈的衣服？"

年轻女人："是她让我穿的。"她在表述这句话的时候没有一丝犹豫和迟疑。

我："为什么她让你穿她的衣服？"

年轻女人："因为……没有别的衣服……"

这时，我突然想到一个问题，于是我问："你几岁？"

年轻女人："6岁。"

搭档在她身后对我竖起了大拇指，撇着嘴点了点头。

通过前段时间的接触，我了解了这个女人大体上的生活状况。

她是南方人，独自在北方生活。目前的生活水平很高，衣食无忧。有份薪水稳定的工作，那份薪水之丰厚远远超过她的同龄人。至于个人情感，目前她还是单身，没有结婚，也没有男朋友。我和搭档在观察后曾经分析过，都认为她在撒谎。也许她离过婚或者有什么不可告人的隐私，因为在这个问题上她表现得有些含糊其词。每当我们问到关于"夜半厉声"的问题时，她都会惊恐不已，并且瑟瑟发抖。

那不是装得出来的，是真实的反应。

所以，和搭档讨论后，我们决定从她的梦境入手。我们都想知道，在她被惊醒之前到底发生了什么——目前来看，只能从她的梦中得到答案（至于那些梦境，她自己丝毫不记得）。

今天她来的时候告诉我们，昨晚，那个惨叫声再次把她惊醒，然后把摄像机还给了我——那是上次她来的时候我交给她的。我要求她每晚入睡前，让摄像机对着床，把一切都拍下来。

她照做了。

但没敢看。

我们看了。

最关键的那段录影并不长。

前一个多小时都是她睡着的样子，很平静。然而从某一刻起，她开始反复翻身、扭动，并且动作越来越强烈，逐渐变成了剧烈的挣扎。几分钟后，她猛然坐起，整个脸都变得异常扭曲……我们都看到了，每次把她从梦中惊醒的凄厉叫声，是她自己发出来的。

我接着问下去："你的家就在这条街上吗？"

年轻女人的声音小到几乎像是在喃喃低语："……是的……"

我："你能带我去吗？"

年轻女人："不要……去……不要去，妈妈……会……会……打我……"

我："为什么？"

年轻女人："因为……因为……爸爸要她这么做的……"

我："你爸爸为什么要这么对你？"

年轻女人："他……不是我爸爸……是弟弟的爸爸……"

我听懂她的意思了："他经常和妈妈一起打你吗？"

年轻女人："……是的……他们……都讨厌我……"

我："除了被打以外，你还受过别的伤害吗？"

年轻女人："他们……不要……不要，不要！"

我知道她就快醒过来了，因为假如那个场景能把她从梦中惊醒的话，那么也同样可以把她从催眠中唤醒，于是我提高音量，语速坚定而沉稳地告诉她："当我数到'3'的时候，你会醒来。"

"1。"

她的双手开始紧张起来，并且慢慢地护到胸前。

"2。"

此时，她的身体已经有了很强烈的痉挛反应。

"3！"

她猛然坐直身体，睁大双眼愣愣地看着我。

看来我的时间掐得正好。

此时的她早已泪流满面。

"你觉得她的情况仅仅是小时候被虐待造成的吗？"搭档压低声音问我。

我转过头看着另一间屋子里的年轻女人，她正蜷缩在沙发的一角，捧着一杯热水发呆。很显然，房间里轻缓的音乐让她平静了许多。

我想了想，摇了摇头。

"嗯……比我想的稍微复杂了一点儿。"搭档皱着眉摸着下巴，若有所思，"不过，我认为……那层迷雾拨开了，今天也许能有个水落石出。"

我没吭声，等着他继续说下去。我的强项是让患者进入催眠并且进行催眠后的诱导，而我的搭档则精于在患者清醒的时候问询和推理分析。虽然有时候他的分析过于直觉化，以至于看起来甚至有些天马行空，但我必须承认，那与其说是他的直觉，倒不如说是他对细节的敏锐及把握——这是我所望尘莫及的。

他眯着眼睛抬起头："看来，该轮到我出马了。"

我们把年轻女人带离了催眠室，去了书房。关于在书房问询这点，是当初我搭档的主意。

"在书房那种环境中，被问询者对问询者会有尊重感，而且书房多少有些私密性质，那也更容易让人敞开心扉。"

他这么说。

其实我觉得，真正的原因是他很喜欢那种权威感。

年轻女人："刚才我说了些什么？"

搭档："等一切都结束后，我们会给你刚刚的录像。"

年轻女人："嗯……算了，还是算了。"

搭档："好吧，接下来我会问你一些问题，你可以选择回答或者不回答，决定权在你，OK？"

年轻女人点了点头。

搭档："你家里环境不是很好吧？"

年轻女人："嗯。"

搭档："所以你只身跑到北方来生活？"

年轻女人："嗯。"

搭档："辛苦吗？"

年轻女人："还算好……我已经习惯了。"

搭档："自从你睡眠不大好后，工作受到很大影响了吗？"他小心地避免使用那些会令她有强烈反应的词汇。

年轻女人："嗯……还行……"

搭档："那么，能告诉我你的职业是什么吗？我们只知道你是从事金融行业的。"

年轻女人的眼神开始变得闪烁不定："我……一般来说……"

搭档："银行业？"

年轻女人："差不多吧。"

搭档："你是不是经常面对大客户？"

年轻女人点了点头。

搭档："压力很大吗？"

年轻女人叹了口气："比较大。"

搭档："你至今单身也是因为压力大而并非工作忙，对不对？"

年轻女人："是这样。"

搭档："关于感情问题，我能多问一些吗？"

年轻女人："例如？"

搭档："例如你上一个男友。"

年轻女人想了想，摇了摇头："我不想提起他。"

搭档："好，那我就不问这个。"

接下来，他问了一些看上去毫无关联的问题。例如：有没有什么兴趣爱好？你跟家人联系得紧密吗？你最喜欢的颜色是什么？你觉得最令自己骄傲的是哪件事？年轻女人虽然回答了大多数，但我能看得出，她在有些问题上撒了谎。

搭档的表情始终是和颜悦色的，从未变化过。

问询的最后，搭档装模作样地看了下手表："嗯，到这儿吧，这些我们回头分析，下周吧！下周还是这个时间？"

年轻女人点了点头。

送走她之后，我们回到书房。

我："你不是说今天会水落石出吗？"

他坐回到椅子上，低着头看着手中的记录："嗯。"

我："嗯什么？答案呢？"

他抬起头看着我："我们来讨论一下吧，有些小细节我不能百分之百肯定。"

我坐在他斜对面的另一把椅子上："开始吧。"

搭档："你不用倒计时？"

我："滚，说正事儿。"

搭档笑了笑："关于她童年受过虐待这点可以肯定了，在催眠之前我们猜测过，对吧？"

我："对，我记得当时咱们从她的性格、穿着、举止和表情动作等分析过，她应该是那种压抑型的性格，她的那种压抑本身有些扭曲，多数来自童年的某种环境或者痛苦记忆。"

搭档："嗯，童年被虐待这事儿很重要，而且还是个不可或缺的组成部分。假如没有这个因素，恐怕我的很多推测都无法成立。"

我："你是指心理缺失？"

搭档："对。我们都很清楚童年造成的心理缺失问题会在成年后被扩大化，具体程度和儿时的缺失程度成正比。这个女孩的问题算是比较严重的。通常来说，父亲是女人一生中第一个值得信赖的异性，但是她没有这种环境，对吧？"

我似乎隐隐知道了我的搭档所指向的是什么问题了，但是到底是什么，我并没有想清楚，所以只是迟疑着点了点头。

搭档："这样的话，对于这部分欠缺，她就会想办法去弥补……"

我："你是说，她会倾向于找年纪大自己很多的恋爱对象来弥补这部分缺失？"

搭档："没错。不过，她始终不承认自己有男友，而且拒绝谈论前男友的问题……我认为，她……没有前男友。"

我想了想："有可能，然后呢？"

搭档："从她对此支支吾吾的态度来看，她应该有个男朋友，年龄大她很多，可能超过一倍，还是个有妇之夫。"

我："最后这一点你怎么能确定？"

搭档："这个问题先放在一边，我一会儿会说明的。我们还是接着说她童年那部分。"

我："没问题，继续。"

搭档："你记得吧，她刚刚通过催眠重复的梦境，正是她被自己的尖叫声所惊醒的梦。可是，那个梦境的哪部分才能让她发出那么恐怖的声音呢？"

我仔细地回想："呃……她……最后反复说'不要'……是这个吗？"

搭档："你不觉得这有问题吗？好像她的梦跳过了一些什么。"

我："你想说她小时候被继父侵犯过？虽然在某些方面她有过激的情绪反应，但没有一点儿性创伤特征，所以我不觉得她有来自性的……"

搭档："不不，我指的不是这个。你看，是这样：在最开始，她反复强调自己的衣着破旧，然后说明了这是她妈妈造成的。接下来提到，那是继父要求她妈妈对她恶劣。我们从正常角度看，亲生母亲不会这么对自己的孩子，对吧？而她母亲之所以这么做，应该只有一个原因……"

我："嗯……我想想……压力？"

搭档："对，生活压力。也许她母亲因为某些原因不能工作……是因为疾病？很可能是因为疾病的原因无法工作，也没有亲戚资助，所以家里的生活来源全依靠那个男人，所以她母亲才不得已而顺从。"

我："明白了……"

搭档："而且，通过问询，我也确认她小时候家里环境并不好，甚至是拮据。因此，她对是否拥有金钱这个问题看得更重，因为拥有金钱对她来说就拥有某种稳定感——这来自她母亲因为没有经济能力，所以对继父唯命是从的扭曲记忆——她成了直接受害者。"

我："嗯……根据重现的梦境，她对于贫穷有一种异常的恐惧。"

搭档："还有一些小细节指向另一个问题：刚才我问的时候，她说过自己的兴趣爱好是弹钢琴，据说弹得还不错。以她的家境，弹钢琴这事儿肯定不是童年学的，应该是她独立生活之后才学的。她现在也就是20岁出头，能有收入不菲的工作就不错了，怎么可能掌握那种花掉大量时间的消遣呢？”

我点了点头："有道理，想学会弹钢琴的确需要大量时间和精力。"

搭档："我想你也应该看到，最初她只是含糊地说自己从事金融行业，而我故意往银行业诱导，她果然顺着说了下去。真的吗？年纪轻轻就从事银行业？还面对大客户？怎么可能？"

我："你是说……她的经济来源应该是……她的男友？"

搭档点了点头："那个有妇之夫。"

我仔细地顺着他的思路想了一阵儿，这的确是合理的解释。

搭档："好了，现在可以整理一下了。首先，差不多可以断定，她是被一个有钱的已婚男人包养着。那个男人比她大不少，也是她的第一个男人。因为她认为童年的悲惨经历是源于她母亲没有经济能力，所以导致她对于金钱能带来的'安定'极为依赖。再加上源于童年缺失父爱的原因，而那个男人又恰好能弥补这部分，因此就造成了一个结果：在双重因素下，她很可能对那个有妇之夫有了很深的感情。而且我猜，她肯定也意识到了自己现在的处境其实和当初她母亲的处境一样，在感情问题和生活问题上没有主导能力……哦，对了，这点从她梦中穿着妈妈的旧衣服能看出来，其实这也是一种暗喻……她认为这样不好，但无论从金钱和感情上，她却又依赖那个男人……就是这样，反反复复……深陷其中，不能自拔。"

我："所以，她应该想过结束和那个男人之间的这种非常态关系，去过一种正常化的生活。但是，她对现有的一切又过于依赖，舍不得放弃，所以，通过催眠重现梦境的时候，就像我们看到的那样，她内心深处在反复强调童年的惨境。她怕会失去自己曾梦寐以求的东西：富足和父爱。因此……"

"因此，"搭档提高音量，"每当有结束目前这种非正常生活的想法时，她就会重温童年的惨状，以此警告自己。我猜，她梦中所说过的'不要'，就是指这个。"

我点了点头："嗯，不要回到过去……可是，因为这个就有这么激烈的反应吗？能惊醒她自己的那个叫声的确很凄惨。"

搭档想了想："别忘了，她是个内向、压抑型的性格。你记得吧？只有她一个人入睡的时候才会这样。我认为，与其说她因为恐惧过去的悲惨经历而惨叫，倒不如说是她因压抑得过久而发泄才对。"

我仔细顺着这个思路捋了一遍："是的……你说得没错……"

搭档："她的这种性格也就导致心理医师对她的心理诊疗失败——她需要隐藏的东西太多。如果没有催眠的话，恐怕至今咱俩还在百思不得……"

我："停，先别急着说结束语，还有个事儿：她的幻觉。那个幻觉所看到的景象也一定具有某种含义，对吧？另外，你刚提过，关于她的男友是个有妇之夫的问题，你是怎么确定的？"

搭档狡黠地笑了："其实，这俩是一件事儿。"

我愣了一会儿，慢慢明白过来了。

搭档："她对幻觉的描述你还记得吧？一个中年女人，带着个十几岁的男孩，深夜出现在她家的某个角落，面对着墙……这么说起来的话，她始终没看到过幻觉中母子俩的脸，对吧？相信她也没有走过去看个究竟的胆子。她是怎么确定幻觉中那两个人的年纪的？而且，谁会在那种诡异的环境中留意年龄的问题呢？我认为她的幻觉是来自那个有妇之夫的描述，甚至有可能是看过照片或者在某个公共场合见过。"

我："你是说，她的幻觉部分其实是来源于……"

搭档："准确地说，应该是来源于压力。她本质上不是那种坏女人，不过，她所做的一切……所以……"

说到这儿，我们俩都沉默了。

过了好一阵儿，我问他："可以确定？"

他若有所思地看着窗外，想了想，点点头："可以确定。你是催眠师，我是心理分析师。我们凭这个能力吃饭。"

我："嗯。"

一周后，当再次见到那个年轻女人的时候，我尽可能婉转地把一切都向她说明了。果然，她的反应就像搭档说的那样，既没有反驳也没有激烈的情绪表现，只是默默听完，向我道谢，然后走了。

我回到书房，看到搭档正在窗边望着她远远的背影。

我："你说她回去会哭吗？"

搭档："也许在停车场就会哭。"

"大概……吧……还好，不是个鬼故事，至少她不用担心这点了。"我故意用轻松的语气说。

　　搭档没笑，回到桌边拿起一份记录档案翻看着，还是一副漫不经心的样子。过了一阵儿，他头也不抬地说：“我猜，她之所以会恐惧，也许正是因为她最开始就什么都知道。”

二

迷失

通常来说，我和我的搭档都不怎么喜欢人格分裂的情况，因为一个以上的多重意识——就是人格分裂的人——无法被催眠。这是个令人非常头疼的问题。

当然，这不代表我们没接过这类型的活儿。

中年男人紧张地望着我们说："我的另一个人格找不到了。"

很显然，搭档没听明白——因为此时他正带着一脸绝望的表情看着我。我猜，他可能认为自己做这行太久而精神崩溃了。其实那句话我也没听懂。

面前的中年男人飞快地看了看我们的脸色，略微镇定下来后又重复了一遍："我没开玩笑，我的另一个人格不见了。"

我定了定神："你是说，你本来分裂了，但是现在就剩你了，那个和你共享身体的家伙不见了？"

"注意你的用词。"搭档很看不上我面对顾客时不用专业词汇,"不是家伙,是意识,是共享身体的意识……"

中年男人:"对对,不管是什么,反正不见了,就剩我一个了。"

搭档:"那不是很好吗?你已经痊愈了。"看样子,他打算打发面前这个中年男人走。

中年男人:"但是,我不是本体,我是分裂出来的!"

搭档忍不住笑了:"怎么?你玩够了?不想再继续了?"

中年男人一点儿也没生气,反而更加严肃:"不,我是因'他'的需要而存在的,或者说,我是因'他'而存在的!没有了那个本体,我什么都不是。"

我忍不住多想了一下这句话,发现我们面对的是一个逻辑问题。

当我把目光瞟向搭档的时候,我看到他正在似笑非笑、饶有兴趣地观察着眼前这位"第二人格"。从他好奇的表情上我能看到,他很想接下这单。

于是,我问中年男人是从什么时候开始发现另一个人格不见的。他告诉我大约在一周前,也许更久,具体时间上他不能确定,因为每次醒来时他所身处的依旧是他睡去时的环境。而且他也查过了,没有任何迹象表明第一人格有过任何活动,所以他从最初的诧异转为茫然,接下来经历了失落,最后是恐慌。简单地交换意见后,我们决定还是先通过催眠开始探究,看看到底发生了些什么。

"这样就能知道你的本体人格到底在哪儿了。毕竟我们要从'他'失踪前开始找到问题。因为那时候你不清楚'他'都做过些什么。"我用非常不专业的语言向他解释。

搭档没有再次纠正我。

架摄像机时，我压低声音问搭档："你确定他是正常的吗？他在撒谎，你看不出来吗？你真的要接吗？"

我那个贪婪的搭档丝毫没有犹豫与不安："当然看出来了，他描述的时候眼睛眨个不停，但是那又怎么样？怕什么？正不正常没关系，反正他付的钱是真的，就算是陪他玩儿，又有什么不可以的？而且，如果真的像他说的那样呢？"

我："怎么可能是真的，如果是真的，多重人格是无法被催眠的。"

搭档笑了："你忘了？他目前是只有这一个意识。"

我："可是……"

搭档："没有什么可是，一个早已过了青春期的男人跑来撒谎、付钱，想通过催眠来找到点儿什么，那我们就满足他好了。而且，我真的想知道他到底为什么这么做。"

架好摄像机后，我回到中年男人面前坐下，保持着身体前倾的姿势，看着他的眼睛。

他回头看了一眼身后的搭档，又转过来望着我："呃……我不困，这样也能被催眠？"

搭档告诉他："如果你困的话，反而不容易成功，因为你会真的睡着。"

中年男人："催眠不是真的睡着？"

我不想浪费时间向他解释这件事："来，转过头，看着我的眼睛，放松……"

他转过头，迟疑地望着我。

我："镇定下，放松，我不管你是谁，既然你想通过催眠来找回本体意识，那么你就按照我刚刚说的坐好，我们会帮助你的。"

他点了点头。

看着他紧张的样子，我暗自叹了口气："你还是不够放松，这样吧，我们从你的头顶开始一点儿一点儿放松吧……首先，身体向后靠，把重心向后……"

他照做，不过眼神看上去还是有些怀疑。

我："就是这样，慢慢，放松身体……你的头部还是很紧张，从头皮开始，慢慢来，放松……"

他依旧照做了，并且稍微平静了一些。

我："接下来是额头……对，额头，不要皱着，放松皮肤，让它轻松地舒展开……"我花了足足 10 分钟来让这位第二人格按照我的指示一步一步从头顶开始，随着言语指导开始进入交出意识的状态。他从最开始的迟疑，转换为遵从，最后完全无意识地只知道遵守，没有一丝反抗情绪。

"很好，你已经慢慢地……走向自己的意识深处……"

他开始自然而松弛地垂下了头。

"……很好，你沿着盘旋向下的台阶……慢慢走下去……"

他的呼吸开始变得平缓而粗重。

"……你已经看到楼梯尽头的那扇木门……等我允许的时候……推开它，你将以'他'的身份回到一周前。"

中年男人："……好……"

"3。"

他的头垂得更低了。

"2。"

他的手轻微地抽动了一下。

"1。"

他静静地瘫坐在长沙发上，一动不动。

"告诉我，你看到了什么？"

不知道为什么，我有一丝期待，情绪上有点儿像多年前我第一次独立给人催眠的那种感觉。

经过短暂沉默之后，中年男人开口了："看到……一个人……"

我："什么样的人？"

中年男人："和我一样姿势的人……"

我："一样姿势？你是站在镜子前吗？"

中年男人："是的。"

我："镜中的是你自己吗？"

中年男人："这……是'他'……"这让我很诧异，他在催眠过程中居然会使用第三人称描述自己。

我：“你在镜子前做什么？”

中年男人：“……什么都没做，只是看着……”此时，他略带不安地呼吸急促了起来。

我：“就这样一直看吗？”

中年男人：“是……”

我：“能告诉我你在想什么吗？”

中年男人：“可以……”

我：“那么，你都想了些什么？”

中年男人：“害怕……”

我：“害怕？你感到恐惧吗？”

中年男人：“是的……”

我：“是什么让你感到恐惧？”

中年男人：“一个……人……”

我：“什么人？”

中年男人迟疑了一阵儿：“一个……一个看不清的人……”

我愣了一下才反应过来：“当时不是只有你自己，而是还有别的人吗？”

中年男人：“是……的……”

我：“是个男人？”

中年男人：“是个……男人……”

我：“是个什么样的男人？”

中年男人：“制造……”此时，他的语速越来越缓慢。

我："制造？从事制造行业的男人？"

中年男人："不……是制造……制造的……人……"

我忍不住和搭档对视了一下："制造出来的人？你指孩子吗？"

中年男人："不，不是……"

飞速地分析了几秒钟后，我问道："是你所制造出来的人吗？"

中年男人："……是的。"

我："你是说，你制造出来一个人？"

中年男人："是的。"

我和搭档都愣住了。

从严格意义上来讲，自我协调的人会出现人格分裂不是没有可能。但是，迄今为止，我没有接触过这样的案例，包括求学时我的导师也没接触过。这并不是说我们孤陋寡闻，而是因为人格分裂这种情况本身就很罕见，而所谓的"协调型分裂"的情况更属于"特例"。从理论上来说，"多重人格"是指两种以上的心理、行为以及经验存在于一个身体内，如果不是这样，就谈不上多重人格了。所以，对于协调型多重人格这个问题，我和搭档都抱着极为保守的态度来看待——在见识过之前，这种情况只存在于理论之中。

正因如此，除了理论上的理解外，我没有一点儿应对经验。

我迟疑了一下，接着问道："你刻意地制造出来一个人，对吗？"

中年男人："对。"

我：“那你为什么要制造一个人？”

中年男人：“因为……我……自己……不够好……所以……我……”

我：“你们彼此都知道对方的存在，对吗？”

中年男人：“知道……”

我：“你是第一人格吗？”

中年男人：“是……的。”

我：“那么，你为什么要害怕他呢？”

中年男人：“因为……因为我……我越来越浅……”

我：“越来越浅？”

中年男人：“……是的……浅……”此时，他看上去显得很不安，痉挛般快速抽搐着，并且神经质地轻度摆动着头。

我：“你是指和他对比起来，自己比较浅，是吗？”

中年男人：“是的……”此时，我留意到搭档的眉头越皱越紧，我猜他明白了一些事情，也隐约知道那是什么了。

我：“你花了多久把他制造出来的？”

中年男人：“3 年。”

我：“之后你再制造出新的人格了吗？”

中年男人此时似乎有些情绪波动：“没……没有……”

我：“那么，你能告诉我，你是怎么制造出一个人的吗？”

中年男人的呼吸急促了起来：“可以。”

我：“是怎么做的？”

他的呼吸越来越急促：“……模仿。”

听到这儿，虽然已经大致上清楚是怎么回事儿了，不过我还是问了下去："'他'，从一开始就知道自己是被制造出来的，对吗？"

中年男人："开始……就知道。"

我："你曾经想清除掉'他'吗？"

中年男人的声音几乎是在喃喃低语，如果不仔细听，几乎听不到他在说些什么："我……不记得了……我不想……我做不到……不行……我找不到……"

我深吸了口气，问出了我认为最重要的问题："你是'他'吗？"

中年男人："我……我是……"

我抬起头望向我的搭档，发现此时他也正看着我。我们相视点了点头——这意味着催眠可以结束了。

我收回目光，继续注视着眼前的中年男人："当我数到'3'的时候，你就会醒来。"

中年男人："好的，我会……醒来……"

我："1。"

搭档无声地在他身后站起身，抱着肩，看得出，他比我更胸有成竹。

我："2。"

中年男人的整个身体开始如梦魇般轻微抽搐，这并不多见。

我："3。"

停了一会儿后，他才抬起头，充满疑惑地看着我："完了？"

我合上本子，准备起身去关摄像机："嗯。"

关上和催眠室相通的那扇门后，我端起桌上的杯子，还没等把水送到嘴边，就听到站在窗边的搭档骂了一句脏话。

我："很糟糕吗？"

搭档："永远都会有这么蠢的人吗？"

我喝了几口水后才回应："大概吧，否则就不需要我们了。"

他回过头，我能看到此时他已经平静下来了："接下来，我跟他谈谈吧。"

我："其实不谈也知道得差不多了，还记得我跟你提过的那个案例吧？非常像，不是吗？"

搭档："嗯，还记得当时我认为那件事儿很扯淡，没想到居然遇到了，所以我还是想跟他谈谈，忍不住要验证……算是职业习惯吧……我觉得有可能是感情问题导致的，八成是婚姻。"

我："为什么这么认为？"

搭档："他提过家庭和孩子吗？除了在催眠状态时提过，别的时候提过吗？"

我："没有……你的意思是他应该有，却从未提过，所以……"

搭档："以他这个年纪，通常来讲应该是已婚的，但是最初他说到他的担心，却从未提过老婆、孩子，所以我觉得应该是有些问题的……我更倾向于是婚姻问题……再说，这么大个事儿，没有提到家人半个字，情理上说不过去。"

我："推论倒是没错……不过……"

搭档："当然，不止这点，你看到他的装束了吧？"

我："装束？便装，很普通啊。"

搭档："不仅仅是你看到的那样。他虽然一身便装，但是牌子其实很考究……"此时，我忍不住又转头透过玻璃门看了一眼坐在催眠室的中年男人，确实是那样，那家伙的衣着的确不是地摊货。"……通过我刚刚的观察，以他的个性来看，他不是那种注重衣着的人，他现在的穿戴应该是别人给他买的，我猜是他老婆……"

我笑了一下："嗯，你永远无法制止女人精心打扮自己男人的企图。"

搭档："但是，衣服的款式比较旧，应该是几年前的。还有，那搭配看起来有些乱，想必是很久以前有人给他挑选的衣服，但是目前已经没人指导他的搭配了。所以，我才会说我更倾向于是婚姻问题造成的现在这种状况。"

我叹了口气，他对于细节的观察和捕捉是我所不能及的："好吧，福尔摩斯先生，等你跟他谈完之后，你来告诉他吧？我觉得他很可能需要心理辅导。"

搭档点了点头："恐怕得相当长时间的辅导……"

在书房坐下时，我看到放在搭档桌边的记录本，于是拿起来翻了几下。除了页眉的地方写了个日期以外，一个字都没有。

中年男人："你们刚才都问了些什么？我说了些什么？能找到'他'吗？"

搭档没有直接回答："如果你愿意，一会儿可以把录像给你看。"

中年男人默默点了一下头，看上去他似乎没那么渴望看录像。

搭档："你从什么时候起知道自己是第二人格的？"看来，他打算完全顺着对方的谎言来作为开始。

中年男人："3年前。"

搭档："是一开始吗？"

中年男人点了点头。

搭档："就是说，从一开始，你就很清楚自己是第二个人格喽？"

中年男人："是的。"

搭档："你……他结婚了吗？"

中年男人："结婚了，有一个孩子。"

搭档："你对'他'妻子和孩子了解吗？"

中年男人："不了解。"

搭档："为什么？"

中年男人："因为已经离婚了。"

搭档："是你离婚的还是第一人格离婚的？"

中年男人："'他'。"

搭档："在你被制造出来之前？"

中年男人皱了皱眉："对。这很重要吗？"

搭档点了点头。

中年男人："关于'他'的妻子和孩子，我知道得很少。"

搭档："说说你知道的吧。"

中年男人："起因是'他'妻子出轨，然后'他'和妻子协议离婚的，儿子归妻子。没了。"

搭档："家里一张照片都没有吗？"

中年男人显得有些不耐烦："一张都没有。"

搭档："你知道自己被制造出来的目的吗？"

中年男人："不是很清楚，只是知道'他'觉得自己不够完善……"

搭档突然打断他，并且话锋一转："你向我们求助的理由，并不是像你说的那样吧？"

中年男人的语速开始迟疑："嗯……是一开始说的那样……"

搭档再次打断："你确定？"

中年男人的表情越来越不安："我……"

搭档："你应该知道，对吧？"

中年男人开始慌乱了起来："我……我真的……真的不知道……"

搭档："好了，我们不要再兜圈子了。通过刚刚的催眠，我们大致上已经清楚是怎么回事儿了。"

中年男人盯着我的搭档看了好一阵儿："那……我……"

搭档："没猜错的话，现在的你，应该很像导致你妻子出轨的那个人的样子吧？"

中年男人很惊讶地扬了扬眉："你怎么知道？我……"

搭档的表情很严肃："你恐怕不清楚自己玩儿的是个危险的游戏。"

中年男人收回目光，慢慢垂下头："我只是……"

搭档："我不清楚你是从什么地方知道的这个方法，但是，我相信没人告诉过你，你做的事情有多可怕。"

中年男人迟缓地点了点头："我只是希望自己能够完善，但是我……回不去了。"

搭档："好了，让我们把事情说清楚吧。在你妻子有外遇前，你一直都是自信的，并且对自己和自己的一切很满意。还有，在性格上，你也应该是个相当自律的人，这很好。不过，这也是你产生目前这种状况的根本原因——自律得过头了。"

中年男人没说话，只是低着头。

搭档："你的童年很好吧？父母关系、家境，甚至整个家族环境，都很优越，对吗？"

中年男人："是的。"

搭档："你从小到大应该也没有过什么挫折，从未失败过。"

中年男人叹了口气："基本没有。"

搭档："工作和事业也一帆风顺，对不对？甚至比起身边的朋友，你算是他们之中的佼佼者。"

中年男人："嗯，我比他们都出色。"

搭档："在离婚前，你对自己的婚姻也很满意，并且为自己所拥有的一切自豪。不过，当你得知妻子有了出轨行为的时候，你最初应该不是愤怒，而是惊讶。"

中年男人抬起头，紧紧地抿着嘴唇，我能看到他的眼泪在眼眶里打转。

搭档："你想不通为什么会这样。就你的个性来说，你没办法接受这个事实，所以，应该是你提出的离婚。她企图极力挽回过吗？"

中年男人深吸了口气，仿佛要让自己镇定下来："她企图挽回过……你说得没错，是我提出来的。"

搭档："虽然离了婚，但你并没有在心里把这件事情就此了结，你多年以来的习惯——那种希望自己更完善的习惯，还有自尊，让你没法放下这件事。当然，你不会做出违法的事情，但你会反过来从自身找原因。可无论你怎么找原因，都没法掩盖住那个对你来说痛苦的事实。因此，你产生了一个错误的认定：你认为那个男人比你强。也正因如此，你用了那个被我们这行称之为'禁忌'的方法……你希望以此来完善自己……"

中年男人："我……并没有想过……会是……"

搭档："唉……我来告诉你这有多危险吧。"他皱着眉凝视着眼前这位中年人，"长时间地模仿一个特定对象，的确能让自己的性格产生偏差，但是也极有可能会造成精神分裂，从而制造出一个全新的、不同于原本自己的意识，尤其是在某些情感方面受过挫折的情况下，因为那个时候人的意志最薄弱，而且潜意识中会有自我厌恶感以及自我抛弃的想法。"说到这儿，他停顿了一下，深吸了一口气，"你希望能通过这种模仿的方式来让自己成为你所认为的'情感上的强者'，但是你并没想到自己的人格就此分裂。你更没想到的是，这个'情感上的强者'性格越来越明显，扩散得也越来越广，以至于影响到了你的其他方面，例如你的事业或者工作、人际关系……目前看来，你还没有到多重人格的地步，不过也没那么乐观，因为你发现了自己的变化，而且我猜……你近期是不是开始有偶尔失忆的状况发生？虽然很短暂。"

中年男人垂着头喃喃地回应："有过。"

搭档点了点头："所以你才因此跑去查过资料，对吧？也正因如此，你才知道什么是多重人格，也正是到这个时候，你才明白那不是一个好方法，并且感到恐惧。这，就是你跑来求助的原因，还为此编了一个蹩脚的谎言，对吧？"

中年男人因紧张而结巴起来："我……我自己回想过最近一年的事，我觉得自己就快要变成另外一个人了。有时候我夜里会跑到镜子前对着镜子笑，可……可是那个笑容完全不……不是我的，我……我怕到不行，现……现在我该怎么办？"

搭档明显把语速和态度放平缓了很多："就你现在的情况来说，还不是那么严重，你并没有真正的人格分裂，不过也不容乐观，因为你的第一人格已经丧失掉很多。我们可以为你推荐一些心理医师，他们应该会有办法帮你解决这个问题的。当然，这要花不少时间。"

中年男人："真……真的吗？"

搭档轻轻点了下头："嗯，你最初就不应该来找我们，而应该去找那些心理医师。不过，我们不会退你费用的，毕竟接受催眠是你提出来的，我们也按照你的要求做了……要我留一个心理医师的电话给你吗？"

中年男人忙不迭地点头。

搭档抓过一张纸，飞快地在上面写了个号码和姓氏，然后把它递给中年男人："不要立刻打，等一天，明天下午再打，先让我把你的情况发给那位医师，这样比较好。而且，我也怀疑你能否镇定地把整件事情说清楚。"

送走中年男人后，我回到书房。我的搭档此时正躺在沙发上举着一本杂志乱翻。

我："他来的时候，居然编了那么一个古怪的故事……"

搭档："有什么新鲜的，这种事情换成任何一个成年人都很难说出口。我们见过更古怪的，不是吗？"

我："我发现，很多人都不知道什么情况该去找催眠师，什么情况该去找心理医师。是不是我们这行太冷门了？"

搭档："有吗？没觉得，只是病急乱投医罢了。"

我："听你说到不退费用的时候，我突然觉得有点儿好笑。不过，你说的倒是顺理成章……"

搭档："那是事实。"

我："好吧……其实，你要是做个心理医师，会比现在要好得多，不仅仅指收入方面。我觉得你有这个天赋。"

搭档："我不干。"

我："为什么？"

搭档："进入别人内心深处，需要整天看那么多扭曲的东西，这已经很糟糕了，更何况还要绞尽脑汁地去修复，想想都是噩梦啊……"

我："你说过，你喜欢挑战。"

搭档把杂志盖在脸上，梦呓般嘀咕了一句："太久的话，我也会迷失。"

三

千手观音

"有时候，我很羡慕神职人员，因为凡是找上他们的人，其实都已经做好了某种心理上的准备。"在某个无聊的下午，搭档扔下手里的本子，没头没脑地冒出这么一句。

我想了想："你是指态度吗？"

搭档："没错，僧侣或者神父们相比我们轻松得多，至少他们不必深究那些该死的成因，只需遵照教义来劝慰当事人，或者在必要的时候告诫一下。"

我摘下眼镜，揉着双眼："神的仆从嘛，不去讲教义，难道让他们也进行心理分析？我倒是觉得这样挺好，至少寺庙、教堂不会同我们是竞争关系。"

搭档："所以，也不用绞尽脑汁……"

我："记得你好像说过小时候曾有过上神学院的念头，现在又动心了？"

搭档："其实一直都处在摇摆不定的状态中。"

我好奇地看着他："这可不像你，我以为你从来都不会纠结呢。没出家是有什么让你放不下的吗？"

搭档："不不，问题不在这儿。"

我："那是什么？"

搭档凝重地看着我："因为至今我都没见过佛祖显灵，也从未受到过主的感召。"

我："你是说你需要一个神迹？"

搭档点了点头，没再吭声，用沉默结束了这个我本以为会延续下去的话题。

几天之后，当一个僧人出现在诊所门口的时候，我忍不住盯着搭档的背影看了好一阵儿，因为我不得不怀疑那家伙似乎有某种感知能力。

"……这么说来，你们这里可以催眠？"僧人摘下帽子，脱掉粗布外套，露出头上的两个戒疤和身上土黄色的僧袍。他看上去在40岁左右。

搭档飞快地扫了僧人一眼："可以，不过费用不低，也不会因为身份打折。"他对金钱的贪婪从不写在脸上，而是用实际行动表明。

僧人淡淡地笑了一下："好，没问题。"说着，从怀里掏出一个小布包，打开，从里面找出一张信用卡，"我们什么时候开始？"

我站在门外的走廊里，严肃地看着我那毫无节操的搭档，他用一脸无辜回应我。

我："你什么都敢接啊？"

搭档露出困惑的表情："什么情况？"

我："这是个和尚……"

搭档："侍奉神佛就不该有心理问题？"

我："我不是这个意思，佛教有金钱戒……"

搭档："对啊，所以他刷卡啊！"

我纠结地看了一会儿这个贪婪的家伙："你别装傻，我没指和尚不能碰钱，而是他们不应该有自己的财产。"

搭档："这有什么新鲜的，现在寺庙都有会计了……你的意思是说他是假的？"

我："不……问题就在于分不清真假。假的也就算了，如果是真的，收钱……合适吗？"

搭档不解地看着我："你怎么突然变得这么虔诚了？那些庙里的天价开光费和巨额香火钱怎么算？我不觉得收费有什么不妥啊？"

我愣在那儿，一时语塞，不知道该说些什么。

搭档似笑非笑地看着我："这样吧，我先跟他聊聊，之后你决定是否催眠。"

我迟疑了几秒钟，点了点头。

"你太不与时俱进了。"说完，他摇了摇头，转身回了接待室。

安排僧人在书房坐定后，搭档转身去别的房间取自己的笔记本。

我倒了杯水放在僧人面前："请问……呃……您是哪个寺庙的？"

僧人笑了笑，说了一个庙号。那是市郊的一座寺庙，我听说过，在本地小有名气。

我："您……假如您有某种困惑的话，不是应该通过修行来解决的吗？为什么想起跑到我们这里来了？"

僧人依旧保持着一脸的平和："信仰是信仰，有些问题，还是专业人士知道得更清楚，毕竟现在是科学时代。西方人信仰上帝，但是心理咨询这个行业在他们那里不是也很发达吗？"

"这位师父说得没错。"搭档从门外拎着本子走了进来，"信仰能解决大部分问题，但是在某些时候还是需要求助于其他学科的。"说着，他瞥了我一眼。

我没再吭声，讪讪地坐到了一边。

搭档坐下，摊开本子，把胳膊肘支在桌面上，双手握在一起，身体前倾，脸上露出意味深长的笑容："这位师父，您有什么问题呢？"

僧人："我出家5年了，一直都很好。最近开始做噩梦，但是醒来记不清是什么内容，只记得梦的内容与观音有关。"

搭档："观音？观世音菩萨？"

僧人："不是，千手观音，你知道吗？"

搭档："我对宗教不是很了解……千手观音真的有1 000只手吗？"

僧人："不，千手观音其实只有40只手臂。"

搭档："那为什么要叫'千手观音'？"

僧人："各个经文上记载不同，而且个人理解也不同，有些寺庙的确供奉着有 1 000 只手臂的千手观音。"

搭档点了点头："您 5 年前为什么出家？"

僧人把目光瞟向窗外，沉吟了一阵儿才开口："家人去世后，我有那么几年都不能接受事实，后来经一个云游和尚的指点……就是这样。"

搭档："明白了。您刚刚说是最近开始做噩梦的，之前都没有，对吗？"

僧人想了想："之前都很正常。"此时他眼神里飞快地闪过一丝犹疑，稍纵即逝。但我还是看到了。

搭档："那么，您还记得梦中都有些什么吗？"

僧人："记不清了，所以我想通过催眠来重现一下梦境……我们什么时候才开始呢？"

搭档："很快，不过，通常在催眠前都有一些准备工作，例如通过谈话的方式来了解到您的一些其他信息，以及梦中给您留下最深印象的一些元素等。"

僧人："哦，好，那让我想想……梦里还有……对了，我还记得在梦里看到过莲花宝座。"

搭档："佛祖坐的？"

僧人："就是那种。"

搭档："很漂亮……呃……我是说，很绚烂吗？"

僧人："不，神圣！"

搭档点了下头："对，神圣……可是，这样的话，这个梦看起来并不可怕。"

僧人："这点我也想过。开始的时候，这个梦的确不是噩梦，但是后来……后来……我就记不清了。"

搭档："这件事问过您的师父吗？您应该有个师父吧？"

僧人叹了口气："师父总是很忙，经常不在寺里，我找不到机会问他。不过，我问过我师兄。"

搭档："他怎么说？魔障？"

僧人："因为我说不清楚到底是什么样的噩梦，所以师兄说也许是我不够精进，要我诵经。可是问题就出在这里了，我越是刻苦诵经、打坐、做功课，越是容易做那个噩梦……"

搭档："等等，您的意思是，您总是做那个梦吗？"

僧人凝重地点了点头。

搭档："除了噩梦之外，有没有别的什么发生？"

"别的……"僧人低下头想了一会儿，"有……"

搭档："是什么？"

僧人："偶尔在打坐后，我跑去看千手观音像，发现凶恶的那一面……嗯……更明显。"

搭档："凶恶的那一面？我没懂。"

僧人："寺里供奉的千手观音像是 40 臂 11 面，也就是有 11 张脸。"

搭档："每张脸的表情都不一样？"

僧人："对，有慈悲的、有入定的、有展颜的、有凶恶的。"

搭档："为什么会有凶恶的？"

僧人："'神恩如海，神威如狱'，想必你听说过。"

搭档："原来是这样，我听懂了。就是说每次您做完功课，去看千手观音像的时候，发现总是那张凶恶的脸最明显，是这样吧？"

僧人点了点头。

搭档："我能问一下您在入空门之前是从事什么职业的吗？"

僧人："在村里做木匠。"

搭档："出家前，结过婚吗？"

僧人："没有。"

搭档："家人反对吗？"

僧人："父母去世了，我也没有兄弟姊妹。"

搭档："那出家前的财产呢？都变卖了？"

僧人："孑身一人，本无什么财产。"

搭档："问一句冒犯的话：指点您出家的那个云游和尚，是怎么跟您说的？"

僧人想了想："大致上就是'苦海无涯'一类的。"

"嗯……"搭档若有所思地点了点头。

"还是给他催眠吧。"搭档挂了电话，边说边透过玻璃门向催眠室望了一眼，僧人此时正平静地坐在沙发上，歪着头等待着，看上去是在欣赏催眠室里播放的轻音乐。

我："我也这么想，因为目前以我个人经验看，这个和尚似乎……有问题。"

搭档饶有兴趣地看着我："你也发现了？说说看。"

我："看上去，这个人很虔诚，但是他的虔诚后面有别的动机。"

搭档："嗯，是这样。他的确不同于那些从骨子里对宗教狂热的人……还有吗？"

我："你问到是否只是最近开始做那个噩梦的时候，他在撒谎……嗯……我是指某种程度上的撒谎，他之前很可能还被别的什么噩梦干扰，也许并不一定是梦……还有就是，他对出家前的很多问题都刻意淡化了。"

搭档把食指放在下唇上来回滑动着，没吭声。

我："另外，还有一个我不确定的……"

搭档："什么？"

我："视觉效应，你知道吧？他说自己能看到千手观音凶恶的那张脸特别明显，我猜是有……嗯……怎么讲？"

搭档："你想说心理投射一类的？在宗教里，那被称为'心魔'。"

我："对对，就是那个，只会看到跟自身思维有关的重点。"

搭档："很好，看来我不用嘱咐什么了。开始吗？"

我："我去准备一下，帮我架摄像机。"

僧人平静地看着我："我能记得自己在催眠时所说的吗？"

我从上衣口袋里抽出笔，捏在手里："可以，如果有需要，催眠即将结束的时候我会给你暗示，你都会记得。如果有短暂记忆混乱的情况也没关系，有摄像机。"我指了指身后的摄像机。

僧人深吸了一口气："好吧……你刚才说的我记住了：不是打坐，不要集中意识，放松，开始吧。"

我点了点头："是的，就是那样……就像你说的……放松……慢慢地平缓你的呼吸……很好……我会带你回到你想去的那个梦里……"

僧人的身体开始向后靠去。

我："你感到双肩很沉重……想象一下……你身处在一条黑暗的隧道中……在前面很远的地方，就是隧道的尽头……"

僧人开始放松了某种警觉，正在慢慢进入状态。

我小心而谨慎地避开刺激他的词句，足足花了好几分钟才让他的头歪靠在沙发背上。

"……你就快走到隧道的尽头了……"

他的呼吸沉缓而粗重。

"3……"

"2……"

"1……"

"告诉我，那是一个什么样的梦？"

搭档似笑非笑地坐在僧人斜后方不远的椅子上。

僧人："光……是光……"

我："什么样的光？"

僧人："……神圣……永恒……慈悲……"

我："那光之中有什么？"

僧人："……这里……这里是圣地吗？到处……七彩的……光。"

我："嗯，你在圣地。还有呢？"

僧人的脸上带着一种向往及虔诚的神态："那……是莲花……我佛……慈悲……"

我："莲花宝座上是佛祖吗？"

僧人："我……看不到……光芒……看不清……"

我耐心地等了一会儿："现在呢？能看到吗？"

僧人："看……看到了……是……千手观音……"

我："很高大吗？"

僧人："是的……"

我："然后发生了什么？"

僧人："有……声音？"他似乎不能确定。

我："什么声音？"

僧人："……有人在喊……"

我："你能听清在喊什么吗？"

僧人不安地扭动了一下身体："……杀……"

我和搭档都愣住了，飞快地交换了一下眼神后，我继续问下去："是有人在喊'杀'吗？"

僧人："……是……的。"

我："'杀人'的'杀'？"

僧人："'杀人'的……'杀'……"

我："是什么人在喊？你看得到吗？"

僧人："我……看不到，只有……只有声音……"

我："那你……"

僧人突然打断我："观音……千手观音……变了！"

我："变了？变成什么了？"

僧人："脸，那些脸，都变了！"

我："变成了什么？"

僧人："别的……别的……"

我："看上去是什么样子的脸？"

僧人："犹如地狱的魔鬼。"

我："然后呢？"

僧人："……从宝座上下来……我……我……"

我："观音是冲着你来的吗？"

僧人："是的。"此时，他抓紧沙发的面料，并且看上去开始出汗。

我："千手观音在追杀你吗？"

僧人："是的……追我……杀我……"

我："你在逃跑？"

僧人："在跑……可是，很疼……"

我："什么很疼？你的身体很疼？"

僧人此时已经大汗淋漓："是的……"

我："为什么？"

僧人："草……都变成了刀刃……血……好多血……"

我觉得如果这样持续下去的话，要不了多久他就会从催眠状态中清醒过来。于是，我抬起头望着搭档，征询他的意见看看是否提前结束催眠。

搭档摇了摇头。

我仔细考虑了一下，继续问了下去："你流了很多血，是吗？"

僧人似乎并没听到我的问询："草，那些草、树，都是刀刃！血……所有的……血海！刀刃！我跑不动了……就快追上了……救我！师兄救我！师父救我！佛祖救我！那张脸！不要杀我！"此时，他的身体已经紧张到了某种程度，僵硬地在沙发上挥动着四肢，仿佛随时都能跳起来一样。

我又看了一眼搭档，他依旧摇了摇头。

僧人："那张脸！菩萨救我！救命！救命啊！爸！妈！我错了！我错了！！！"

搭档此时点了点头。

我立刻快速告诉眼前这个衣服几乎湿透，并且即将陷入狂乱的僧人："当我数到'3'的时候，你会醒来，并且记得催眠中所说的……"

突然，他猛地蹿了起来，满脸惊恐地瞪着我看了好一阵儿，然后四下打量了一会儿，接着无力地瘫坐在地上。

他醒了。

我们把氧气面罩扣好，看着僧人的呼吸慢慢平缓了下来。

搭档："一会儿再看录像，你先休息一下，那只是个梦，镇定。"

僧人躺在那里，无力地点了点头。

搭档暗示我去催眠室的里间。

关好玻璃门后，他问我："你猜到了吗？"

我仔细想了几秒钟："大致……吧，不确定。"

搭档："我基本可以确定了，不过细节只能让他自己来说，这个我推测不出。"

我："能告诉我，你确定的是什么吗？"

搭档又看了一眼躺在催眠室沙发上的僧人，压低了声音："他应该是个逃犯，杀过人的逃犯。"

这和我想的有些出入，所以我不解地看着他。

搭档："怎么？跟你的想法不一样？"

我："呃……你怎么确定他杀过人？我不认为那个指向……"

搭档打断我："我认为，他梦境中对自我的谴责，源于他曾经的行为。这点上，想必你也听到了。杀，那肯定是指杀人，否则不会有这么重的自我谴责。而且在梦境的最后，他乞求师兄、师父和佛祖救他，也就证明他一直在用某种方式逃避自己曾经犯下的罪行……"

我："你是说他出家就是因为这个？"

搭档："他出家的初始动机应该并不是自我救赎，而是为了逃避通缉。"

我点了点头："嗯，也许……"

搭档："但是，在出家修行的过程中，他对自己曾经的行为产生了某种悔意。那不是免罪的悔意，而是发自内心的忏悔，所以才会有了这个梦。"

我："可是……你不觉得有点儿牵强吗？"

搭档抬起手腕看了一下表："现在没时间细说了，等我把该做的做完，再跟你详细说。一会儿你不要说话，让我跟他谈谈。"

我没听懂他指的是什么时间："时间？什么时间？你已经能确定了，还谈什么？"

搭档严肃地看着我："给他一个自首的机会，否则他永远无法被救赎。"

僧人看完录像后脸色惨白，并且开始坐立不安，已经全然不是刚进门时那个镇定、平和的神职人员了。

搭档："梦就是这样的，你现在应该全想起来了吧？"

僧人："嗯，我……知道了，谢谢你们，看来是魔障，想必我的功课还不够精进……"说着，他站起身。

搭档："嗯？你要走吗？"

僧人："不早了，该回去了……我觉得自己还是要勤修苦练，谢谢你们帮我回忆起那个梦……"说着，他站起来，有些慌张地向门口走去。

我扫了一眼搭档，他示意我别出声，平静地等僧人走到走廊才开口："一旦你踏出这个门，就没人能救你了。"

僧人愣住了，身体僵硬地站在原地。

虽然此时我看不到他的表情，但是我能猜到。

搭档缓缓地说了下去："你的外套就在接待室里，你可以取了就走，我们不会阻拦你。不过……一旦你从这里离开，就真的没人能救你了。"

僧人转过头，果然，他的表情是震惊："我……不懂你在说什么……"

搭档："回来坐下吧，这是最后的机会。"

僧人在门口站了几分钟，慢慢回到沙发前，坐好。他此时的情绪很不稳定，看上去一直在犹豫。

搭档故意放缓语气："研究人的心理，是我们的职业，所以很多东西瞒不过我们。不只是我们，相信你也同样瞒不过你的师父，所以你甚至不敢跟他提这个你并没有记全的梦。"

僧人并没开口，而是紧盯着搭档。此时，我心里正在做最坏的打算——正面冲突。

搭档："你，杀过人，是出于对法律的逃避才出家的。不过你很清楚，每当你真的潜心于信仰的时候，你的过去会历历在目。所以，从这个角度来说，那的确是你的魔障。但是，这个魔障不是吃斋诵经就能破的，这点你比我更清楚。我并不想说自己是来点化你或者帮你一类的屁话，我只想提醒你，这一切，也是缘。现在选择权在你，跟几年前几乎一模一样。"

僧人愣了好一会儿，慢慢低下头。

搭档把椅子向前拉近些，保持前倾的坐姿，躬下身看着僧人的眼睛，放出了最后一个砝码："一步，就一步，天堂或者地狱。"

僧人沉默了好久，终于颤抖着开口了："我……我曾经是个赌徒，屡教不改，所以老婆带着孩子跑了。我妈是被我气死的……但是……但是我依旧执迷不悟……有一次我跟我爸要钱，被他骂，我就……我就……把他……我……我是畜生……"说到这里时，大颗大颗的眼泪滴落在他的膝盖上，"我逃了两年，有一次在山里快饿死的时候，遇到一个和尚，他救了我……后来……后来我觉得他发现了我杀过人的事，因为他总是劝我：积恶太重还是要主动赎罪，否则……否则永远都会在地狱挣扎……我就……把他也杀了……然后穿着他的衣服冒充僧人四处……直到现在的师父收留了我……最开始的时候，我还在想，忍儿年就没事儿了，后来有一次听师父讲经，我才真正动了皈依的念头。可这几年里，我犯下的罪总是在眼前一遍又一遍……我已经诵了几百遍经，可那没有用……我不敢跟师父说，所以我就偷偷跑来找你们……没想到还是……看来是注定。"他抬起头望着搭档，无奈地笑了下。此时，他已泪流满面。

搭档紧皱着眉看了他一会儿："你，一错再错，直到现在。"

僧人闭上眼，点了点头。

搭档："我能猜猜那个被你杀掉的和尚，在临死前最后那句话是什么吗？四个字，对不对？"

僧人睁开眼，惊讶地望着搭档，嘴唇在不停地抖。

搭档盯着他的眼睛，一字一句地告诉他："回头是岸。"

僧人此时再也忍不住了，跪倒在地，双手紧紧抠住地板，放声痛哭。

录完证词回来，已经很晚了。

进了书房后，搭档打开窗，从抽屉里翻出烟，自己点上后，也扔给我一支。他平时很少抽烟，也不让我在这里抽烟，所以他现在的举动让我有些惊讶。

"今天的事儿有点儿意思。"说着，他靠在窗边，把打火机也扔给了我。

我坐在书桌前点上烟，然后看着他："不成，你得把整个思路说给我听，我死活想不明白你是怎么发现的，因为在我看来，这太离谱了。"

搭档想了想："嗯……我知道……还是从一开始他进来时说起吧。"

我挪了挪位置，好让自己正对着他。

搭档："最初他一来我就觉得很奇怪，因为佛教很看重修心，关于梦这种事情，僧侣的看法基本都跟心境挂钩，根本不会跑来找我们解惑。所以，我知道这个人有问题。接下来在跟我谈话的时候，他说到梦见千手观音，我就已经了解到不少信息了。"

我表示不理解："那不是刚开始吗？你怎么可能……"

搭档打断我："还记得当他提到千手观音时，问过我是否了解吧？我的回答是'不清楚'，实际上，我撒谎了。"

我仔细回想了一下："的确问过……不过，我还是没明白千手观音怎么了。"

搭档："在我们对话的时候他也说过，千手观音并没有1 000只手，只有40只或者40多只手臂。这个我们不去深究了，我要说的是千手观音在他梦里代表的含义。假如不了解千手观音的话，肯定没法理解那在他的梦里意味着什么。"

我："OK，你说。"

搭档："在千手观音的40只手掌中，各有一只眼，那些眼在睁开时会放出慈悲光，每一道慈悲光各含25种解脱救赎之道。合起来算，总共有1 000种解脱救赎的方式，所以千手观音的全称是'大慈大悲千手千眼观世音菩萨'。"

我："原来如此……他梦中出现千手观音是代表着救赎……这个真的超出我的知识面了……你是怎么知道的？"

搭档笑了笑："你忘了？我小时候曾经打算从事神学……咱们说回来，所以在他问我的时候，我故意说自己不清楚千手观音的典故，这样才能让他放心地说出更多。而且，刚刚你说对了一半。他梦里所出现的千手观音的确代表着救赎，但是救赎者都追杀他，想想看，他那种源于潜意识的极为严重的自我谴责……除了杀人，我想不出还有什么更合理的成因了。因此，当催眠结束，了解到他梦的内容后，我就可以断定：他曾经杀过人……并非我胡乱猜想。"

我："很正确……这么说的话，草木变成刀刃我能理解，暗指他逃亡的那段日子，草木皆兵。血海我也能明白，应该是源于他杀人后的场面，并且被他所信仰的宗教放大了，估计可能还有血海地狱一类的概念在里面……不过，莲花宝座呢？有含义吗？"

搭档："莲花宝座对你来说可能有点儿难理解，是这样：佛教中的莲座本是天界经堂外灵池里的莲花，因为终日听经而悟道，最后修成了莲座，莲花也代表着'清净不染'。还有，僧侣们打坐的那个盘腿的姿势，形状其实有点儿像莲花，所以那个姿势也被称作'莲花坐式'……不管怎么说，莲花宝座在他的梦里都意味着清修、解脱，因此他才会梦到。把这些元素串起来的话就是：他希望自己能够通过出家行为、一心向佛及自我修行从而消除自己所犯下的极恶之行。但是，他很清楚那是多重的罪，他越是潜心修行，自我谴责就越大，以至于拥有千种救赎之道的千手观音都在追杀他——这是指不可原谅。"

我叹了口气："好吧，望尘莫及，无能为力。"前一句是指我对搭档的知识面的叹服，后一句是指今天这个事情的分析。

搭档："如果不是曾经对宗教感兴趣，恐怕今天我对这事儿也同样无能为力……不过，也有我意料之外的。"

我："哪一点？"

搭档："我没想到他还杀了那个云游和尚……"

说到这儿，我们都沉默了。

过了一会儿，我又想起一个疑问："对了，还没完，你怎么就确定能劝他自首？如果他凶性大发，打算杀我们两个灭口呢？他的块头儿穿着僧袍都能看出来，你不觉得这么做很冒险吗？"

搭档："的确有点儿冒险，不过，我已经做了准备。"

我："有吗？我怎么没看到？"

搭档："记得我在刚刚跟他谈完之后，催眠之前，打了一个电话吧？其实那是打给一个靠得住的朋友，我让他一小时后打电话给我。如果我没接或者说些奇怪的话，就报警。但我并没把赌注全押在这方面，我自己也做了准备：当他自主结束催眠状态后，我让他吸氧。"

我："吸氧？这怎么了？什么目的？"

搭档："学过的你都忘了？纯氧能让人兴奋，对不对？另外一个功能呢？"

我努力回忆了好一阵儿才想起来："……顺从……"

我那个狡猾的搭档得意地笑了。

我摇了摇头："你太可怕了……"

搭档收起笑容："其实这都是辅助的，最重要的是他对自己曾经犯下的罪有所悔悟，所以我敢这么做。如果他不是那种状态，我也不会给他最后这个机会。"

我没吭声，因为我看到搭档眼中的一丝怜悯。

他抱着肩低下头，仿佛在自言自语："不知道这种情况会怎么量刑定罪，如果是极刑，但愿他能安息，包括他杀过的人……"

我们都沉默了，各自在想着什么。

过了一会儿，我打破沉默："我觉得如果你从事宗教职业，也应该做得不错……哦，对了，缺一个神迹……"

搭档抬起头："没有欠缺了，我已经看到了神迹。"

我："你指他梦中的千手观音可能是真的在救赎他？"

搭档："也许那算是……但我要说的是另一件事儿，也是一直被我所忽略的。想想看，有那么几个人，把自己的思想和信念传播开，影响到整个人类社会，并且持续了几千年……还有比这更神奇的吗？没有了，这就是神迹。"

他所说的是我从未想过的。

搭档转身关上窗："不早了，咱俩吃饭去吧，你请客。"

我点了点头，开始收拾东西。

他关于对神迹认知的那段话，让我想了好久。

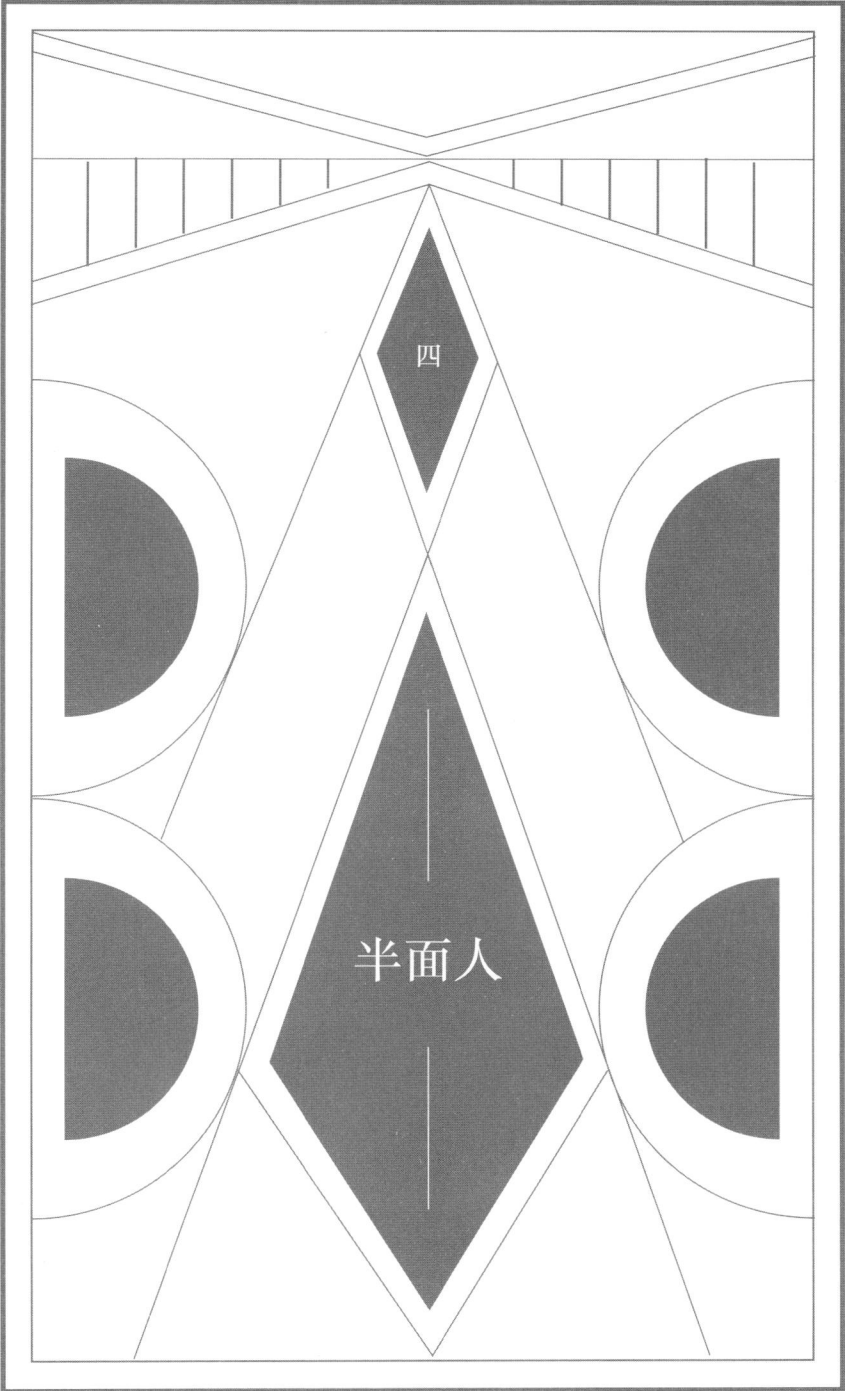

四

半面人

"……好，我知道了，晚上回去发到你邮箱。"中年女人挂了电话，略带着歉意地望着我们，"不好意思，刚刚是公司的电话。"

搭档点点头："没关系，我们继续？"

她："好。刚才说到哪儿了？"

搭档："说到前天你又做那个梦了，结果吓得睡不着，睁着眼等到天亮。"

她："哦，对。后来我给我老公打电话的时候还说到过这事儿，他说是我工作压力太大了造成的。"

搭档："这次你记住梦的内容了吗？"

她："没记住多少，只记得很恐怖，我在逃跑。但是有一点我记住了，好像那些让我睡不着的梦都是一样的，又不是一样的。"

搭档露出困惑的表情："我没听懂。"

她："就是说，那个场合我曾经在之前的梦里见过，我知道该怎么做才能逃开，但是跑着跑着就是新的了，我就不知道该怎么做了，然后……然后我记不住了，总之觉得很可怕。"

搭档："内容是衔接的？"

她："不完全是，有重复的部分。"

搭档："我听明白了，你是说，每次都能梦到上一个噩梦的后半段，然后继续下去，对吧？"

她点头："嗯，差不多是这样。"

搭档："所以，你很清楚后面会发生什么，你知道自己该怎么办。"

她："对对，就是这样。"

搭档："但是再往后，就是你从没梦到过的了，你也就不知道该怎么办了。"

她一直在点头："对，没错！后面因为我不知道该怎么办，所以……好像是被什么抓住了，然后就吓醒了。"

搭档："我明白了，你所说的那些噩梦，其实就是一个很长的噩梦，只不过你每次只能梦到其中一段。说起来有点儿像是在走迷宫一样，每当走错，进了死胡同，就醒了，下一次就从某个点重新开始。而你的问题在于，走不出去这个迷宫，周而复始。对吗？"

她松了一口气："对，还是你说清楚了，我一直就没讲明白过到底是怎么回事儿。"

搭档："把你吓醒的原因每次都是被什么东西抓住了吗？"

她："呃……这个我也说不好，上次来的时候就想跟你说，可是我死活想不起来到底是怎么回事儿了……"这时，她包里的手机又响起来了。

搭档站起身："你先接电话吧，我们准备一下，等你接完电话就可以催眠。"

中年女人敷衍着点了点头，从包里翻出手机。

关上观察室的门后，我看着搭档："似乎是某种压力。"

搭档正忙着给摄像机装电池："嗯，看上去是，具体不清楚。"

我："上次她来是什么时候？你都了解到了什么？"

搭档："大概是 5 天前？对，是上周三。那次没说什么具体内容，因为她什么都没记住，就记住被吓醒了，跟我说的时候还哭。那天你不在，我就了解了一下她的生活环境和家庭情况。"

我："嗯？你是说，她只是因为做噩梦了就找来了？"

搭档："不完全是，每次做那种梦之后，她都有一种莫名其妙的巨大压力感。"

我："So？"

搭档："她所在的公司每两个星期都会有心理医生去一趟，她就跟心理医生说了。心理医生推荐她尝试一下催眠，然后就……"

我点点头："那她描述过是什么样的巨大的压力感吗？"

搭档："她也说不清，所以我没搞明白，似乎是有什么不踏实的。最开始我以为是她不放心老公或者孩子，聊过之后发现其实不是。"

我："是家庭问题吗？"

搭档："据我观察，应该不是。她先生常年在别的城市工作，据她描述，是那种很粗枝大叶的人。他们的孩子在另一个城市上大学，而她经常是一个人生活。不过，由于她工作很忙，所以生活也算是很充实。虽然有点儿过于忙，但大体上还好。"

我透过玻璃门看到催眠室的中年女人已经接完电话，正在把手机往包里放："待会儿催眠还是先重现她前天的梦吧。至少我们得有个线索。"

搭档抄起摄像机三脚架："嗯，有重点的话，我会提示你。"

她："必须要关掉手机吗？调成振动模式也不行吗？"

我严肃地看着她的眼睛，表现出我的坚持："必须关掉，否则没办法催眠。"

她："可是，万一公司有重要的事情找我怎么办？"

我起身走到摄像机后，做出要关掉摄像机的样子："那就等你哪天确定没有重要事情的时候再来吧。"

她犹豫着看了一眼搭档，搭档对她耸耸肩，表示出无奈。

中年女人从包里翻出手机，攥在手里愣了一会儿，然后像是下定决心似的关掉了手机。

我们重新坐回到各自的位置上。

我看了一眼放在她身边的包，伸出手："把包给我，我放在那边那把椅子上。"我指了指窗边的一把椅子。

她看上去似乎有些不情愿，但还是递了过来。

我接过包放在一边，并且安慰她："你的电话已经关掉了，所以没有什么比现在更重要了，除非今天不进行催眠，你回去继续被那个噩梦困扰。"

看起来，我的强调和安抚很有效，她连忙表示自己并没有什么想法，然后乖乖地靠坐在了催眠用的大沙发上。

我："非常好，假如你觉得躺下更舒服，可以躺下来。"

她："不，这样已经可以了。"

我："很好，放松你的身体，尽可能让身体瘫坐在沙发上，这样你就能平缓地呼吸。"

她深吸了一口气，身体开始松弛了下来。

我："放松，放松，再平缓你的呼吸……"

"你会觉得眼皮开始变得很沉……"

"很好……慢慢闭上眼睛吧……"

"你的身体沉重得几乎不能动……"

"但是你感觉很温暖……"

"很舒适……"

"现在，你正躺在自己的床上，它很柔软……"

"非常好……"

"当我数到'1'的时候，你会回到那个梦中，把看到的一切告诉我……"

"3……你看到前面的那束光……"

"2……你慢慢向着那束光走了过去……"

"1……"

"你此时正在自己的梦里，告诉我，你看到了什么？"

我抬头看了一眼搭档，他把手攥成拳头，放在嘴边，似乎在认真倾听。

她：“我……我在一条街上……”

我：“你认识这个地方吗？”

她：“是的……”

我：“这是什么地方？”

她：“这是……这是我和我老公来过的地方……”

我：“你知道是哪里吗？”

她：“诺……丁汉。”

我：“你是一个人吗？”

她：“不，街上有……有人……”

我：“你老公在你身边吗？”

她：“不，只有我……”

我：“街上的人你都认识吗？”

她的身体轻微地抽搐了一下：“他们……不是人类……”

我：“那你能看清他们是什么吗？”

看起来她略微有些不安，但并不强烈：“不……不……他们不是人类……”

我耐心等待着。

她：“他们都是怪物……”

我：“什么样的怪物？”

她：“一些……一些没有头……另一些……脸上只有一只很大的眼睛……”

我：“没有别的五官吗？”

她："是的。"

我："你在这条街上做什么？"

她："我在……我在找什么……"

我："找什么？"

她："我忘了……我在找……我找不到……"

我想问她是不是在找自己的老公，但是张了张嘴又停住了，因为我不想有任何方向性诱导。

我："你丢了东西吗？"

她的表情显得有些困惑："我也……不知道……不知道我在……我在……找什么……"

我："街上那些人……怪物，并没有注意到你吗？"

她："是……是的。"

我："他们令你感到害怕吗？"

她："不，他们……不可怕，可怕的是……是那个看得到我的人。"

我："那是个什么样的……"

突然，她打断我："来了！"

我："什么来了？"

她："他来了！他看到我了！"

我："谁看到你了？"

她："那个怪物！他来了！他看到我了！"

我："他在追你吗？"

她的身体开始紧张了起来："在追我……跟着我！"

我："那个怪物只跟着你？"

她："……是的……"

我："他对你做了些什么吗？"

她："没有……发现他后，我就开始逃跑……"

我："为什么？"

她："因为……他……只有半张脸……"

我："你在逃跑吗？"

她："我在跑……我跑不动……我很慢……"

我不再问任何问题，而是等着她自己描述下去。与此同时，我还在观察着她的身体反应，以免她情绪过度激烈而弄伤自己，或者自行中断催眠并醒来。

她："他越来越近……我跑不动了……这条路，这条路我认得！不能右转，不能右转，右转是死路，我会被抓住的……左转，左转！天呐，他跟上来了，我要躲起来！我想躲起来！我躲在什么地方他都能看到我，他的脸！他的脸！半张脸！我好怕！"

我抬眼看着搭档，发现他此时举起一只手，但是并没伸出手指，像是在等待着。

他在判断时机。

她四肢的动作幅度越来越大："天呐！他的脸凑过来了！他就要抓住我了，救我，快来救我！我不想这样！"

我觉得情况似乎不妙，看上去她随时都能中断催眠醒来。

她："救命啊！他抓住我了！他抓住我了！"说着，她的双手狂乱地在空中挥舞着，似乎在抵抗着一个我们看不到的生物。

搭档站起身，伸出一根手指。

我冲上去，尽力按住她的双臂，尽可能用镇定的声音飞快地结束催眠："听我说！听我的指令！当我数到'3'的时候，你就会醒来，这只是一个梦！1！2！3！"

她睁开双眼，但是依旧不停地挥动着手臂，声嘶力竭地大喊着："走开！走开！不要！放开我！"

有那么足足一分钟，我和搭档几乎是不停地提醒着她："放心，不是梦，你已经醒来了，你已经醒来了，停下，放松！"

终于，她听进去了，愣愣地看了看我们两个，然后整个身体松弛了下来。

我："放心，已经没事儿了，那只是梦。"说完，我抬头示意搭档可以松开她了。

中年女人喘息着慢慢放下双手，呆呆地看着前方好一阵儿，然后无助地抬起头："我想喝水。"

我点点头。

送走她后，我回到催眠室，搭档此时正光脚盘坐在刚才她坐过的地方，手指交叉在一起，歪着头。

我逐个拉开所有窗帘后，给自己接了一杯水："刚刚差点儿中断。"

搭档："嗯。"

我："捕捉到什么了吗？"

从后面看去，搭档歪着头的样子像是一个孩子，同时还在嘀咕着："我正在想……"

我："多数噩梦足以秒杀所有恐怖片的编剧和导演。"

搭档似乎没在听我说："嗯……没有头，只有一只很大的眼睛……半张脸……这代表着什么呢？"

我一声不响地坐到催眠的位置，看了他一会儿："要去书房吗？"

搭档回过神看了我一会儿："不，就在这里。我们来整理一下全部线索吧！"

我点点头。

搭档："首先应该是地点，对吧？我想，她那一系列可怕的梦把场景设定在英国诺丁汉，是有原因的。"

我："嗯，也许当时在诺丁汉的时候发生了什么。"

搭档："街上那些人的长相也无疑有着特定含义。无头的是第一种，有头却只有一只大眼睛的是第二种，第三种就是追她的那个'半面人'了。"

我："刚刚没太多机会问，我有点儿好奇，那个'半面人'到底是只有上半张脸、下半张脸，还是只有左右半张脸？"

搭档想了想："我推测她所说的'半张脸'，应该是指只有左或右半张脸。"

我："理由？"

搭档："如果只有上半张脸，通常会形容为'没有嘴'，对吧？如果只有下半张脸，我们习惯用'没有眼睛'来形容，而不会说'只有半张脸'。"

我："嗯，应该是你说的那样……但即使这个能推测出来，看上去我们依旧没什么线索。因为重现她的梦后，她反复强调的只是人物，并没解释过场景，也没提过还有其他什么元素。"

搭档："这个我也注意到了。"

我："还有，她说自己在找什么，也是个重要的线索——虽然我们现在还不清楚找的是什么。是不是她曾经在诺丁汉丢过什么东西？"

搭档："这个要问她本人，但我觉得应该是更抽象的……"

我："你是说她只是用'找'来表达，而并非丢过东西？"

搭档："嗯，潜意识常用这种方式在梦里进行某种特定的表达。"

我："还发现更多吗？"

搭档："还有一个我认为很重要的，而且跟催眠与否无关。"

我："跟催眠与否无关？呃……那是什么？"

搭档："似乎她有通信设备依赖症？"

我："嗯，的确有。"

搭档："假如综合来看的话……这个我也说不好，只是隐隐觉得有点儿什么不对劲儿。"

我："会不会真的像她先生说的那样，是来自工作的压力？你不觉得她很忙吗？她甚至不愿意在催眠期间关掉电话。"

搭档："嗯，这就是我觉得似乎有什么不对劲儿的地方。让我想想……依赖通信……忙碌的工作……噩梦……噩梦没什么奇怪的，但是经常都是同一类噩梦……所以，能确定那是某种压力造成的……"

我："嗯，原因不详的压力。"

搭档皱了皱眉："也许……那其实……"

我："什么？"

搭档抬起头："我想……我知道了！"

我一声不响地等待着。

搭档皱着眉，看上去是在厘清思路："她表现出的压力，其实是在转移另一种压力。"

我仔细想了一下这句话："怎么解释？"

搭档松开盘着的腿，穿上鞋站起身："她所表现出来的忙碌和压力，并不是真实的。"

我："嗯？不会吧？我们都看到她很忙啊，刚来一会儿就接了两个电话，进门的时候还在打电话。"

搭档："不不，仔细想想看，那并不是忙碌。"

我："什么意思？她是装作接电话？"

搭档笑了："当然不是。今天是周一，工作时间，有工作的电话找她再正常不过了。她利用工作时间跑出来，你觉得她会很忙吗？"

我："原来是这样……可她为什么要这么做？"

搭档："这就得'读'她的梦了。"他双手插在裤兜里，在催眠室里来回溜达着，"为什么会选择诺丁汉为场景，虽然目前我们还无从知晓，但是我能肯定她曾经在那里经历过对她来说极为重要的事情。这个我们先放到一边，说别的。"

我："OK。"

搭档："'无头人'这种情况在梦中并不多见，对吧？因为无头人没有五官和表情，如果这么说起来的话，'无头人'在她的梦中很可能并不代表着人，应该是一种象征。"

我："象征着什么？嗯？你是说那个关于苍蝇的形容？"

搭档："有可能哦！我们经常形容没有头绪的瞎忙碌是'像无头苍蝇一样乱撞'。"

我："嗯，这个说得通，但是有点儿牵强。"

搭档："不见得。你忘了吗？'无头人'并没有和她发生过交集，'无头人'应该是一种概念，是她对某件事的看法，也许和她自己有直接关系。甚至很可能还涉及她的当下状态。既然是她当下的某种象征，那么她当然不必对此感到恐惧，这点你在催眠时曾经确认过。"

我点点头："对，我本以为她会有恐惧感。"

搭档："所以说，很可能'无头人'是指她的某种观点。"

我："呃……好吧，暂时也没有办法确认，我们先不争论，继续下去。那'独眼人'呢？"

搭档："'独眼人'就不同了，他们明显比'无头人'更具有象征意义。"

我："巨大的眼睛是不是意味着注视？"

搭档："理论上是，但是她并没有提到这点，所以我觉得'独眼人'很可能带有审视的色彩。"

我："审视？哦，明白了，在梦中审视自己的……但是，她为什么要用这种方式审视自己呢？"

搭档停下脚步看着我："我猜，那个独眼人对她来讲可能有特殊含义。但是，在得到更多信息之前，我猜不出……哎？等等！你刚才说她审视自己？"

我："对啊，怎么了？"

他皱着眉，用食指压着自己的下唇："这个我没想到。难道说……"

我愣了一下就明白了："呃……你不是想说那个吧？"

搭档："但实际上很可能就是。"

我："要照这么说的话，恐怕'无头人'也得推翻。"

搭档："不见得，能说得通。"

我："那，是不是还得再进行一次催眠？"

搭档："是的。"

我："那这次的重点……"

搭档："诱导。"

我："往哪个方向诱导？"

搭档："让她跟着'半面人'走。"

我："欸？你确定？"

搭档得意地笑了："确定，我们被误导了。'半面人'不是'他'，而应该是'她'。我有99%的把握能确定梦里所有的'怪物'，都是她自己。"

第二天。

她："还要进行一次催眠吗？"

我："嗯，这次不大一样，我们希望你能克服一下恐惧心理，跟着那个'半面人'走。"

她显得有些犹豫。

我："害怕？"

她点点头："刚才我看录像的时候就想起来了，不光是脸，他的头也只有半个，另半边是空的，所以……"

我："只是在梦里罢了，必要的时候我们会给你提示。这点是可以保证的。"我故意使用第一人称来安抚她。

她想了想，点点头。

"放心吧。"搭档恰到好处地补充了一句。

在催眠的时候，我一直在注意观察她的状态，虽然她是很容易接受暗示而进入状态的那种人，但是我要确保达成深度催眠，否则我的提示将不会被她接受。不过，事实证明，我的担心是多余的，她非常放松，并且很配合。

我："你回到诺丁汉了吗？"

她深吸了口气，停了一会儿："是的。"

我："你能看到什么？"

她："看到……街上有人……"

我："是些什么人？"

她："一些……一些没有头的人……"

我："还有吗？"

她："还有……还有一些只有一只眼睛的人。"

我："他们注意到你了吗？"

她："没……没注意到我……只有那个……那个人会注意我……"

我："你是说只有半个头、半张脸的那个人吗？"

她："是……的。"从她的迟疑中，我能看出，她还有恐惧感。

我："不用怕，你不需要害怕任何人，我们在保护着你。"

她："我……我不怕。"

我："很好。她出现了吗？"

她的身体开始有些紧张："没有……但我知道她在哪儿……"

我："她在哪儿？"

她略微不安地抽搐了几下："她就在我身后不远的地方……"

我："我要你现在平静地回过头，看着她。动作要慢，要镇定，你不用害怕她。"

她："好的……我……不怕她……"

我："非常好，你做到了。"

她："是的……我……我现在在看着她。"

我："她并没有抓着你，对吗？"

她："没有……没有来抓我……"

我："现在她在做什么？"

她显得有些困惑："她要我跟她走。"

我："跟着她走，我们就在你身后保护着你，跟着她走。"

她深吸了一口气："好……好的。"

我故意停了一会儿："现在在什么地方？"

她："一条……一条小街，我认识这里……"

我："这是什么地方？"

她迟疑了几秒钟："我在……我在这里住过……"

我："很早以前吗？"

她："是的。"

我："那是什么时候？"

她："上学的……时候。"

我："她带着你去了你求学时曾经住过的地方，对吗？"

她："是的。"

我："到了吗？"

她："在房间里……"

我："房间里都有什么？"

她："和……原来一样，一模一样……什么都没变……"

我："她要你做什么？"

她："站在……镜子前……"

我："你要按照她说的去做，不会有危险的，有我们在，按照她说的做。"

她再次深吸了一口气："好的……按照她说的做……"

此时，搭档无声地抱着肩，站起身。

我："告诉我，你做到了。"

她："是的，我做到了……"

我："你看到镜子里的自己了吗？"

她的呼吸开始急促起来："是……是的。"

我："你看到了什么？"

她："我……我……"

我重复了一遍指示："告诉我，你看到了什么？"

她："我……我也只有半个头、半张脸……"

我："现在她在做什么？"

虽然她的呼吸越来越急促，但身体并没有强烈的反应，我知道到目前为止，一切都还在控制之中。

她："她……站在了我的身后……"

"站在了你的身后？"我有点儿没反应过来。

搭档皱了皱眉，想了一下，然后不停地对我比画出照镜子的样子。

我明白了。

我："告诉我，现在你从镜子里看到了什么？"

她突然平静了下来："我们，合成了一个完整的头……完整的脸……"

我对搭档点点头，准备结束催眠："非常好，你即将醒来。"

她："我……醒来……"

我："当你醒来时，你会记得刚刚所说过的一切。"

她："我……会记得……"

我："当我数到'3'的时候，你就会醒来，并且感觉到很舒畅，很轻松。"

她："我会舒畅……我会轻松……"

我："非常好。1……2……3！"

她缓缓地睁开眼，盯着沙发前的地板愣了一会儿，然后抬起头看着我。

我看到她的眼泪在眼眶里打转。

搭档走过来对我做了个手势，我起身让他坐到中年女人面前。他略微前倾着身体，看着她的眼睛。

她："我……"

搭档："她不是来抓你的，对吗？"

她含着泪点点头。

搭档："你现在清楚了？"

她依旧点点头。

搭档："要喝水吗？"

她笑了一下，摇摇头。

搭档把手里的纸巾递过去："好了，现在可以告诉我们了，除了上学以外，你在诺丁汉的时候还发生了什么？"

她接过纸巾攥在手里，深吸了口气后又长长地吐出，同时克制住自己的情绪："和老公在诺丁汉的时候，我发现自己怀孕了。"

搭档："你儿子？"

她："嗯，当时我们都有点儿意外。"

搭档："上学的时候？"

她："不，那是毕业一年后故地重游。"

搭档："之后你因此而放弃了很多，对吧？"

她："是的，你怎么知道？"

搭档笑了下："我的职业。"

她："我几乎忘了这点，谢谢你们。"

搭档："先别急着谢，我们来一条一条厘清吧！"

"好。"看上去，她镇定了一些。

搭档："虽然你目前的生活一切都好，但你对此并不满意，是吗？"

她："是的，我现在什么都不缺，虽然不能每天跟老公和儿子在一起，但是他们都非常关心我，也非常爱我。只是，我觉得还少了点儿什么。"

搭档："丢在诺丁汉了？"

她笑了笑："嗯，但我只能带这么多行李。"

搭档："梦想不是行李，也不是累赘。"

她叹了口气："你说得对，是我太没用了，现在才明白。"

搭档："其实你并没有失去什么。虽然结婚有了孩子，并且曾经为此放弃了很多东西，可是有些东西并没有离开。"

她："可是，我担心他们会觉得我……"

搭档："你看，你现在衣食无忧，孩子也大了，不需要太多的照顾。你真正担心的只是没有了当初的自信罢了。"

她："是有点儿……我都这么大了……好吧。你说对了，我那个自信没了。"

搭档："你当初在哪个学院？"

她："艺术。"

搭档："专攻？"

她："绘画。"

搭档："之后再画过吗？"

她："没有……哦，不对，有过两次。"

搭档："什么时候？"

她："一次是看到老公牵着儿子的手教他走路的样子，我觉得很有趣，就随手画了一张速写。我老公很喜欢那张画，特地镶了一个画框，现在还摆在他办公室的桌子上。另一次是儿子刚高考完，他坐在窗边看着外面发呆，样子很帅！当时我觉得看着特别心动，就又画了一张速写。"

搭档："他看了吗？"

她看上去略显得意："他惊讶得不行，问我为什么这么多年都没展示过。"

搭档："他说得对，你为什么没再画？"

她："我都这个岁数了，还画画……多不好意思啊。"

搭档："这跟年龄有什么关系？而且你很清楚自己心里还在渴望着那种感觉，对吧？"

她点点头："嗯，有时候我觉得工作没意思透了，但又不好意思跟老公说我不工作了，虽然家里并不缺钱，但是我还是整天忙于工作。"

搭档："你梦里那些无头人就是这么来的。"

她："嗯，整天忙些无头无脑、莫名其妙的事情……"

搭档："好了，现在，我们来彻底地聊一下你的问题吧。虽然你对此已经很清楚了，但是我可以肯定，你并不理解为什么会有压力。"

她："好。"

搭档："你的压力并非来自工作，这点我们都清楚了。你的压力来自自身，或者更进一步地说——来自对曾经梦想的放弃。你曾经希望能够做自己喜欢的事情，并且有所成就，但是为了你先生和孩子，你暂时放弃了那个想法。多年以后，当你先生的事业稳定了，当你的孩子长大了，你借此获得了成就感和满足感，但是也正因如此，你反而会不安——似乎有什么地方不对劲儿。不过，有一点你是能确定的，对你来说，没有什么比现在你所拥有的这些更重要、更值得守护的了。"

她："嗯，不需要想我就能确定。"

搭档："可越是这样，你越觉得少了点儿东西……我记得你说过那个梦是一年前左右开始的吧？"

她："嗯，一年多一点儿。"

搭档："因为一年前你想起了自己当初所放弃的另一个方向——正是在诺丁汉，从怀孕开始。"

她："是的。"

搭档："你对自己的决定从未后悔过，只是……有那么一点点遗憾。你梦中表现出来的正是对自己的不满。诺丁汉那个场景是你当初改变自己未来方向的决定地点，'无头人'暗示着你对当下迷茫状态的自我否定，'独眼人'……我想，他们对你来说一定有特殊的含义。至于你一直恐惧、逃避的'半面人'，其实就是你自己，因为你发现镜子里的自己是不完整的，你所欠缺的正是你当初舍弃的。你无比渴望能重新面对你的梦想，但是你又觉得那似乎和你的年龄与身份不大合适。所以，你尽可能地让自己处于忙碌的工作状态——但你心里又很清楚，那不是你真正想要的，可是你又无法去填补那份空虚感……"

她打断搭档："别说了，停！你说得一点儿都没错，的确是这样……可是，我该怎么办？"

搭档费解地看着她："怎么办？我不明白，你究竟被什么所限制呢？你的周围没有框架、没有约束，而且你也很清楚，你对自己曾经的那份梦想有多渴望。既然是这样，那你为什么还要犹豫呢？难道你先生和孩子会因此而笑话你？我不信。"

此时，她脸上的表情游移不定。

搭档："好了，现在能告诉我'独眼人'对你来说有什么特殊含义了吧？"

她愣了一会儿，才喃喃地说出口："'观察这个世界用一只眼睛足够了，另一只则用来多看看自己。'——这是当年我最喜欢的一个导师说的。"

搭档轻松地靠回到椅背上："正是这样。"

大约在 3 个月后，我们收到一个钉装得严严实实的大木头盒子。我们花了好大力气才把它打开，里面是一幅油画。

画面的色调很饱满，有一种油画所特有的厚重感。

画中，一个穿着短风衣的男人靠着街角的路灯杆，正在翻着手里的报纸。阳光洒在他脚边的石板路上，路边是一排排有着黑色三角形房顶的小店铺，玻璃窗折射着阳光。更远处是一条泛着波光的水域，看上去暖暖的。在画布左下角的那行字，是这幅作品的名字：专注的阅读者。

搭档凝视了一会儿，在征求我的同意后，把它挂在书房里了。

至今还在。

五

完美记忆

"……他是什么时候伤到的？"搭档边说边避开一个端着满满一托盘针管和针头的护士。

　　我："上周。韧带和软组织损伤。"

　　搭档："明白了，那他多久才能恢复训练？"

　　我："不好说，如果完全遵照医嘱的话，可能两到三个月，但目前看危险……"

　　搭档："你是指他私下跑出来做体能训练？"

　　我在病房门口停下脚步，点了点头："这就是求助于我们的原因——他的教练和指导人员认为是心理问题。"

　　搭档："好吧，让我先跟他聊聊看是什么情况。"

　　我推开了病房门。

　　大约在 3 天前，一个从事体育相关行业的朋友找到我，问我能不能帮个忙，接着不由分说就把我带到了某医院。我见到了在病床上的他——某颇有名气的运动员。通过与他本人的沟通，以及和他的教练、指导还有部分队友的接触后，我大致上了解了一些基本情况。

这名运动员出道很早，曾经是某项运动的新秀。不过，太早成名也给这位年轻的体育明星带来了不小的问题——自我膨胀。我曾经在前几年的报纸上看到过相关报道：这名体育界的新秀被拍到烂醉在某酒吧门口。那张照片成了那段时间的新闻，公众在扼腕叹息的同时也宣布：这个年轻人被过早的成功给毁了。然而，在去年年初的时候，沉迷于享乐、浪迹于娱乐场所的他痛改前非，又回到了训练场上。之后经过将近一年的训练，他重回赛场并以极佳的表现所向披靡，在该运动项目的世界排名直线上升。就在所有人都惊讶并且感慨浪子回头的时候，他负伤了，原因是体能训练过度。而且，这不是教练或指导要求的，是他几近疯狂的自发训练造成的——瞒着教练、指导偷偷强化体能。这种情况自从他复出以来常有。他身边的所有人，队友、医生、指导、教练甚至营养师和陪练都反复警告过他，不过很显然那没什么用。所以这次负伤后，他的营养师——也就是我的朋友——找到了我。通过一次接触后，我觉得这不是我一个人能解决的问题，所以第二次去医院的时候，我带上了我的搭档——相比较而言，他更精于心理分析，这样我们才好判断他是源于什么动机，以便能对症进行暗示和诱导催眠——假如真的是心理问题而不是某种脑部损伤的话……因此有了前面的那一幕。

进到病房后，搭档只是经过短短几分钟的寒暄，就直接进入正题。

搭档："……像你这种韧带拉伤，除了各种按摩和冷热刺激疗法外，就只能静养了吧？"

运动员点了点头："没办法，所以说非常浪费时间。"

搭档："我觉得这种浪费时间是有必要的，就跟射箭一样，先有个拉弓酝酿的动作，才会有射出时的爆发。"

运动员笑了笑："我倒宁愿是射击，扣下扳机即可，这就是冷兵器消亡的原因。"搭档轻扬了一下眉，他惊讶于对方的反应。

搭档："我们只是打个比方，毕竟人体不是机械，我是指需要适度张弛，再说了，难道你不在乎自己的身体吗？"

运动员："相比之下，我更在乎什么时候能开始训练……我知道，你会像他们一样告诉我要休息、要调整，但是我觉得我的身体是有更多的潜力还未发挥出来的，这点我深有体会——每次当我筋疲力尽，觉得快撑不住的时候，才能突破某种极限……对于自己的身体，我还是非常清楚的，我并非那种上瘾的运动沉迷症。"

搭档若有所思地点了点头："原来如此……对了，能问问你几年前为什么……呃……我是指那会儿你好像是退役了，对吧？我知道这么问很不礼貌，假如你也这么觉得，你可以不用回答或者干脆轰我走。"

运动员大笑："怎么会呢，那不光彩的过去是我自己造成的，所以我不会回避这个话题。"停止大笑后，他沉吟了一阵儿才再度开口，"说自己那时候太小吧，其实是借口……我曾经认为整个世界都是我的，只要我想要，没有什么是得不到的。那时候，我从未意识到荣耀代表着什么，因为它来得太容易了。你明白我的意思吧？说起来，我的确是有一些天赋，问题也就在这里：我认为自己的天赋代表一切。稍微努力那么一下，稍微用心那么一点儿，稍微专注那么一些，就 OK 了。很傻，对不对？"

搭档："年少轻狂。"

运动员："没错，就是这样。因为来得容易，所以才挥霍，所以才张狂。那时候，我甚至在开赛前就放言我会夺冠、我会胜利……"

搭档接了下去："更糟糕的是，你的确实现了自己的狂言。"

运动员："说得太好了，就是这样！那时候我仗着自己年轻，用体力弥补训练不足和技巧上的失误，所以我更加狂妄，最终不可一世……也就是从那时候开始，我自甘堕落，开始享乐……唉……想起来都会脸红，真是一个又傻又浑的蠢货……"

搭档："你是指因为骂裁判而被停赛？"

运动员点了下头："嗯……"

搭档："那两年你都做了些什么？"

运动员："酗酒、跟女人鬼混，还差点儿染上毒品……反正是荒废着。"

搭档："那后来是什么促使你又回到训练场的？我这么问是不是有点儿像个小报记者？"

运动员笑着挠了挠头："你这么一说还真有点儿……我回来，其实是因为有一次闲着无聊，搜索自己原来比赛的视频看。"

搭档："有什么感受？"

运动员："震惊。"

搭档："震惊？"

运动员："是的，震惊，我震惊于自己的体能、灵巧，以及一些基本素质。"

搭档："嗯？那不会让你更加膨胀吗？"

运动员："不不，你没听懂我的意思，我是说看着自己的动作感到震惊这件事本身。"

搭档："啊……我明白了，指的是震惊于过去的自己，而且意识到两年的荒废已经使你无法做到了，是这样吧？"

运动员沉重地点了点头："是这样。看着自己曾经朝气蓬勃的样子，我突然明白了，我往日的所有成就，其实源于各种自己曾经看不上的笨功夫和基础训练，正是那些才让我掌握了我的天赋。所以那时候我才明白自己有多笨、多蠢……"

搭档："再问你一个小报问题，那时候你有多出色？"

运动员："我们身边的每一个人都因我而骄傲，包括我的对手。"

搭档："现在呢？"

运动员："如果那几年不浪费掉，我早已远远地超越……"

搭档打断他："等等啊，上一个赛事，你不是已经重新夺冠了吗？"

运动员："你们看过我当年的比赛录像吗？我现在还不及那时的一半！"

搭档："你的目标是那时吗？"

运动员："不，我要超越！"

搭档："可是，照你目前的训练强度来看，这样下去可能会毁了你……"

运动员："不可能，我知道自己的潜力还未真正释放出来。"

搭档眼里闪过一丝难以察觉的得意："嗯……我明白了……"

在回来的路上，我问搭档："你发现什么了？"

搭档翻着手里的杂志："你应该换个问题。"

我扶着方向盘笑了，这个家伙一贯如此："OK，请问，您知道问题所在了？"

搭档把杂志扔到后座上，眯着双眼："不过，在这之前，还有几个细节我想知道。"

我："什么？"

搭档："你跟他的队友、教练和指导都聊过，对吧？"

我："对。"

搭档："他现在真的就是他说的那样吗？远远不如当初？"

我想了想："这个没法直接作比较的，你知道，评述不一，我觉得他的教练和指导的说法比较客观。"

搭档："说说看。"

我："几年前的时候，他的表现确实非常出色，而且当时他所遇到的对手也并非泛泛之辈，都是这项运动的顶尖好手。但不容忽视的是，恰好那时期他正处于高速成长期，所以很多方面他自己能感受到还有上升的空间。然而，在复出后这一年多里，他已经开始进入稳定期了，不过他似乎并没意识到这点，只是一味地期待着自己能够更强大，所以就造成现在这种'永不满足'的状态。可真的按照实际水平来看，现在的他更出色，因为他除了能够充分利用自己的天赋外，还能自我鞭策……但是鞭策得有点儿过了……大概就是这样。这是他的教练和指导说的。"

搭档："嗯，我懂了……不过，关于上升空间的问题，我认为还有很大的余地。"

我："为什么这么说？"

搭档："他的体能已经开始进入稳定期了，但是其他方面还有更多的空间。"

我："你指什么？"

搭档转过头问我："你知道人的无限潜力来自哪儿吗？"

我："训练？饮食？情绪？"

他笑了："错，来自记忆。"

我："什么意思？"

他："专心开车，回去告诉你。"

回到诊所后，我们各自沏了一杯茶，然后都去了书房。

坐好之后，我看着搭档："说吧，大师，你在车上提到的记忆是什么意思？"

搭档："我们都知道他很优秀，对吧？而且除了他本人外，我们都很清楚他比那个时候更强大，但是问题就在于为什么他对自己不认可呢？初始原因就来自记忆。"

我仔细想了想:"……你是指……他把记忆中自己曾经的表现完美化了?"

搭档:"这只是最初始的原因,还有呢?"

我:"还有?嗯……我不知道……"

搭档:"悔恨。"

我:"嗯?悔……哦!我知道了,你是说他对自己荒废那两年的悔恨?"

搭档:"是这样的。出于对放纵自己两年的悔恨,他把曾经辉煌的记忆过度完美化了,他那个时候真的就像自己说的那样,那么出色?不见得。其实他自己很清楚这点,也提过当年是'仗着年轻,用体力弥补训练不足和技巧上的失误'。你看,这已经说明问题了。而现在他通过训练掌握了更多技巧以及经验,所以他认为加上原本的天赋,应该更出色才对。他的上一个赛事我看了,基本都是压倒性的优势。在这种情况下,他仍然认为自己不如以前,执意认定假如那两年不荒废,他本可以表现得更出色。已经是压倒性获胜了,依旧不满足,那他要的是什么呢?他要的是战胜完美记忆!因此,他超负荷训练,拼命以求能弥补失去的时间,超越曾经的自己。现在的问题是,他是无法超越的,因为,记忆中的自己是完美的。"

我把整个逻辑推理了一遍:"是这样。"

搭档:"但是,刚刚我在路上说过了,他还有潜力,也就是说,能够超越。"

我:"这也是我刚想问你的……你可别告诉我让他继续加大训练量……委托人会弄死我的……"

搭档笑了一会儿，然后停下看着我："很简单，既然他的问题出在记忆上，那我们就用记忆来解决好了。"

　　我："该怎么做？"

　　搭档："想象训练。"

　　我恍然大悟："聪明！原来是这样。"说着，我抓过纸笔，"说吧，我们对他的心理恢复流程。"

　　搭档关切地问："先等等啊，这单不是免费的吧？"

　　我叹了口气："……人家付钱……"

　　"那就成。"搭档神采飞扬地说了下去，"他现在这个时期住院正合适，因为身体受限不能动，所以是最好的时机。明天我们可以去一趟，告诉他……"

　　我："停，我差点儿忘记了，有个问题：他要是排斥想象训练呢？因为通常来讲，很多人都认为那只是空想，没有任何用处。而且，他那么看重体能方面……"

　　搭档不耐烦地打断我："简单，让他用等同于完整的比赛时间想象某一场打过的比赛，记住，一定要等同于比赛的时间！能做到这点的人并不多，对不对？"

　　我点了点头。

　　搭档："同时还要告诉他，整个过程中要放松身体，只让精神紧张，我相信他一定做不到。等他尝试失败后，我们再说明实际上这也是在锻炼心理素质和精神集中力，这样他肯定会接受的，因为他的目标是……"

　　我："他的目标是超越完美记忆，所以他不会拒绝任何方式——哪怕是他从未尝试过甚至从未听说过的……这个我明白了。好，你继续说。"

搭档："他接受想象训练这种方式之后，我们告诉他该怎么做，如何学会控制自己的想象推演。初期的时候，这个过程最好有他的教练和指导来辅助。细节部分等一会儿咱俩商量完，你就打电话跟他们说明。"

我："嗯，这是第二步。"

搭档："这样，在休养期内，他的想象训练和心理恢复能同时进行，什么都不耽误。等想象训练遇到所谓的'瓶颈'——思维不稳定和想象非控跳跃的时候，那么，该是你所擅长的领域了。"

我："我知道了，用暗示性催眠来帮助他稳定自己的思维……不过这个时效有限……哪儿有那么强烈的持续性暗示……呃……你是指要制定周期疗程吗？"

搭档一脸的纯洁："对啊，这样还能多收钱。"

我："……好吧……这也是对他好……然后呢？"

搭档："在他身体恢复前，所有的想象训练都是由我们辅导的，教练和指导配合。等他能够进行体能训练后，我们的辅导逐渐淡出，由教练等人配合，直到他可以自由进行为止。至此，对他的心理恢复就结束了。算下来整个周期大约 4 个月……嗯……也许用不了。"

我："嗯，差不多。"

搭档考虑了一下："还有，初始的想象训练强度就可以很大。"

我："呃……这样行吗？那个很耗精力的。"

搭档："没问题，只有这样才能消除掉他对完美记忆的偏执，我觉得让他累点儿他会很开心，因为他现在很需要疲惫感来填补对超越完美记忆的渴望。既然是这样，那我们给他换成精神上的疲惫感好了。过了最初的适应阶段后，随着身体的康复，进入想象训练的稳定阶段，也为他开始进行体能训练后能平衡并且交替两种训练模式打基础。"

我："嗯，有道理。"

搭档仰着头自言自语般嘀咕着："这样算下来，假如他身体素质好，大约两个月之内，他的想象训练就能与记忆中过去的自己交手了……"

我愣住了："你说什么？"

搭档回过神看着我："嗯？什么'什么'？"

我："你是说，让他的想象把记忆中的自己作为对手？"

搭档："对啊，我不是一开始就说了吗，既然他的问题出在记忆上，那我们就用记忆来解决好了，这样能解决掉所有问题，同时还会用他自己的完美记忆来激励自己……在车上的时候我就说了，人的无限潜力来自记忆，只要善用就……"

看着他继续侃侃而谈，我不得不承认，那家伙敏捷的思维以及独到的见解真的是我所望尘莫及的——没有人比他更适合从事心理这一行了。

3个月后。

"这段时间他怎么样了？"搭档边走边耐心地把手里的冰激凌舔成一个奇怪的形状。

教练："非常非常好，他对现在的自信已经逐步建立起来了。"

我："不再执着于超负荷训练了？"

教练："完全没有了，从他的状态能看出来。"

搭档："一切都在按照我们的方案进行……"

教练："更重要的是，他的性格比原先沉稳了很多。在分析战术的时候，我都感到吃惊，就好像完全变了一个人似的。"

搭档："所以我说过嘛，性格无好坏之分，善用就没问题，他对自己的偏执只要被很好地利用，就不是负担……"

教练停下脚步："非常感谢你们二位，如果没有你们的帮助，恐怕到现在我们还不知道该怎么办。照原来那样下去的话，他的身体和运动生涯肯定会毁在自己手里。看来，还是得求助于专业人士……"

搭档把冰激凌全部塞到嘴里，含混不清地说："嗯，既然一切都走上正轨了，那什么，咱们就把账结了吧！"

六

你的花园

我和搭档刚刚认识的时候，曾经花了整整一下午去讨论关于承受压力的问题。

　　我："……按照这个模式说下去，极端行为是多角度叠加的压力喽？"

　　搭档："对，就像是你用力去捏一个气球一样，受力的那一面被你捏进去了，但是另一面也不轻松，受到从内向外的力量而膨胀出来了。当外在的力量到达某个极限的时候，就会'砰'一声从内向外爆开。例如，你用双手用力攥住一个并不大的气球，只留一个很小的空隙，那么那个缝隙最终将膨胀到极限，成为崩溃点。"

　　我："欸？这样说的话，岂不是心理压力的崩溃点都有据可循了吗？"

　　搭档："话是这么说，但谁知道究竟你会攥住哪些地方、留下哪些缝隙？其实心理学更像是统计学——统计所有可能性，按照所有变数选择解决方式——只是那些变数太大了。但即便如此，只要花上足够的时间，一定可以统计出来的。"

我："为什么心理学被你说得像是数学了，那是当初我最头疼的科目。"

搭档："怎么可能是数学呢？如果统计完了根据各种情况来组合应对措施的话，恐怕超级计算机也得算崩溃了，这种事儿只能由人来做。"

我："你是想说人的计算能力强于计算机？这说不通吧？"

搭档："你怎么还是用数学的模式来考量这个问题啊？"

我："那应该用什么来比喻？"

搭档："我觉得更像是谋略，不仅仅是拿到数据分析、计算，还有经验以及一个更重要的因素。"

我："什么？"

搭档似笑非笑地注视着我的双眼："直觉——人类特有的天赋。"

若干年后的又一个下午，当一个女人出现在我们面前，告诉我们说她怀疑自己在睡梦中被外星人抓走、观察，并抹去记忆时，我的直觉告诉我：这事儿肯定跟外星人没有一丝关系。而此时，搭档压低声音用他的方式表达了和我同样的想法："这事儿肯定跟外星人没半毛钱的关系。"

我忍不住上下看了他一眼，而他丝毫没意识到自己整天把钱挂在嘴边的坏习惯，镇定自若地带着那个女人去了书房。

搭档："你还能记得的有多少？"

她："不太多，都是零零碎碎的。"

搭档："能描述一下你还记得的部分吗？"

她微皱着眉仔细回忆着："最开始印象不是很深，似乎有什么人在叫我……您可能会觉得有点儿吓人，但是我觉得还好。"

搭档："不，不吓人，相信我，我听过更离奇的。然后呢？"

她："然后……是一段记忆空白，想不起来发生了什么，只记得四周都很黑，只有一些光照在我身上。"

搭档："你是被笼罩在光里的？"

她："嗯，是那样。"

搭档："当时你身处在什么地方，还能记得吗？"

她："印象不深了，很模糊，只是隐约记得应该是在比较高的地方。"

搭档："有多高？"

她："大约……有三四层楼那么高。这个我不能确定。"

搭档："飘浮状态？"

她："不知道，想不起来了。"

搭档："你通过什么判断自己是在高处呢？"

她："因为我对俯视有印象。"

搭档："俯视？"

她："对，能从高处看到树、停着的车……诸如此类。"

搭档："你确定吗？"

她："嗯，这个我能确定。"

搭档："哦……声音呢？有声音吗，当时？"

她："不知道，一点儿都不记得了。"

搭档："嗯，接着说你所记得的。"

她："我被罩在光里那阵儿过去后，就是彻底的黑暗，什么也看不见。还有点儿冷，但不是特别冷……我是说有点儿凉，您能明白吧？"

搭档："嗯，我听懂了。还有，别用尊称，我们年龄差不多。"

她微微笑了一下："嗯……当时环境是……我看不清，因为太暗了。"

搭档："只有你自己吗？"

她："这个完全不记得了，大概……只有我自己吧。"

搭档："大概？你不能确认？仔细想想看。"

她微皱着眉头认真地回忆着："我……我的确记不得了……真的不知道！"

搭档："好吧。然后呢？"

她："然后……然后好像发生了一些什么事儿，这段是空白，一点儿记忆都没有……再然后……"说到这儿，她似乎有点儿恐惧的情绪。

搭档在本子上记了些什么。

她："后面非常非常混乱，我记不住到底是怎么了，只是有一个印象。"

搭档："什么印象？"

她："一双很大的眼睛。"

搭档："嗯？大眼睛？"

她："就是一双很大的眼睛在……盯着我看。"

搭档："有多大？"

"这么大。"说着，她用拇指和中指在自己的脸上比画出一个范围，差不多有一个罐装饮料大小。

搭档点了点头："嗯，那双眼睛离你有多远？"

她："很近……"说着，她打了个寒战。

搭档："看不到脸吗？"

她："看不清楚，只有轮廓……像是……猫头鹰？好像有点儿像猫头鹰在盯着我看的样子。"

搭档停了一下，似乎在考虑措辞："这时候你听得到什么吗？"

她："有一些……但……嗯……不是很好的声音……"

搭档："不是很好的声音？怎么解释？"

她："就是……那个，反正听了不舒服，我也形容不出来。"

搭档："是从大眼睛那里发出来的？"

她："呃……这个嘛……我……不知道。"

搭档："还有吗？记得其他更多吗？"

她低下头想了一会儿："没……有了。"

搭档："这种情况发生了几次？"

她："可能是……四五次……吧！"

搭档点点头："嗯，这些我都记下了，一会儿我们准备催眠……"

她："哦，对了，还有一个事儿！"

搭档："什么？"

她："只要在夜里发生这种情况，早上我醒来时都不在床上。"

搭档显得有些意外："那在哪儿？"

她："在客厅的地板上。"

搭档把手插在裤兜里，隔着玻璃看她在催眠室打电话。几分钟后，他头也不回地跟我说："看上去跟第三类接触①很像。"

我："嗯，描述的情况极为接近。"

搭档回过头："不过，看起来那个'大眼睛'并没有抹掉她的记忆，对吧？"

我："我不敢肯定，得通过催眠来确定。"

搭档："你没看法吗？关于她的这个……这个描述。"

我："我是催眠师，在采用技术手段之前，我能得到的结论有限。"

搭档："从个人角度呢？"

我想了想："嗯……可能是好奇。"

搭档似笑非笑地看着我："是不是不敢过早下结论？"

我叹了口气："说对了。你为什么突然对这个感兴趣？"

搭档："因为我希望你带着客观的态度给她催眠。既不排斥，也不相信，保持中立。"

我："考量我的职业素质？"

搭档并没回答我："一会儿催眠的时候我不坐她身后，坐在摄像机后面。"

我："嗯？"

搭档："我想看看摄像机能不能正常工作。"

---

① 第三类接触，指看到并直接接触非地球飞行器及地外智能生物。这个分类标准是由前美国空军部顾问、天文学家海内克（Heinecke）博士拟定。第一类接触是指不明飞行物没有影响周围的事物，仅被目击；第二类接触指不明飞行物影响到周围的事物（留下地面痕迹等）。虽然通俗报刊及科幻小说有描述心电感应类接触（包括绑架）并称其为"第四类接触"，但通常在严肃科学著作中，仍将这类现象包含在第三类接触以内。

我忍不住笑了："你担心摄像机会有静电噪点或者受到干扰？"

搭档："嗯。"

我："你确定自己是中立的态度？"

搭档："确定，但我必须尊重事实——如果那是事实的话。"

我点了点头。

"……很好，就是这样……当我数到'1'的时候，你就会回到那天夜里，并清晰地看到那晚所发生的一切……"

"3……"

"2……"

"1。"

"告诉我，你现在看到了什么？"

她的呼吸平静而均匀。

她："我……躺在床上……"

我："在睡觉吗？"

她："是的。"

我："发生了什么吗？"

她："我……起来了……"

我："是醒着的还是睡着的？"

她："睡着的……"

我："起来做了些什么？"

她："去了……客厅……"

我："去客厅做什么？"

她："在等……在等……"

我："等？在等什么？"

她："我……不知道……"

我："你发现了什么吗？"

她并没有回答我的问题："我……我不是我……"

我："那……"我忍着没回头去征询搭档的意见，"那你是谁？"

她："我……我是……我是找东西的人。"

我："在找什么东西？"

她："不知道。"

我："你在翻看屋里的每一样东西，是吗？"

她似乎被什么吸引了，而跳过这个话题："……窗……窗外……有人……"

我张了张嘴，想了一下后决定继续等待。

她迟疑了一会儿："……有人在外面……我拉开了……拉开了……我看到了……在远处……在远处……"

我忍不住打断她的重复："什么在远处？"

她："人……在远处……"

我："你看得清那个人的样子吗？"

她："看不清……只是……轮廓……"

我："你在什么地方？"

她："窗前……"

我：“刚刚拉开的是什么？”

她：“窗帘……”

我：“之前你并没有拉开窗帘，是吗？”

她：“是的。”

我：“窗外是黑暗的还是明亮的？”

她：“黑……黑暗的……”

我：“你开灯了吗？”

她：“没……”

我：“房间里也是黑暗的，是吗？”

她：“是……但是那个……人能看到我……”

我：“为什么？”

她：“他有……一双眼睛……很大，还会亮……他……在看我……”

我：“他离你很远吗？你能看清他吗？”

她：“很远……我……看不到……只有一半……一半……”

我：“你只能看到他一半身体，是吗？”

她：“是的……”

我：“现在你……”

她突然打断我：“不……不要，停下……”

我：“发生了什么事？”

她：“我……不知道……他……我不想，但是我不得不……我看不到……”

这让我多少有点儿诧异，因为我给她的暗示是：她能够清晰地看到当时所发生的一切，但从刚才起，她就表现出没有完全接受暗示的状态。于是我决定重复一次："你会看到的，你能看到当时所发生的一切。"

"我……"她在迟疑，"我……看到……我……"

我耐心等待着她的自我引导。

她："我……他盯着我看……在盯着我看……我不知道……我看不清……那是……那是……"她的状态突然变得非常不好，似乎有某种抵触情绪。

我："那个人还在看你吗？"

她突然变成了以两种截然不同的情绪和声音快速交替的状态：一种似乎是在拼命抗拒着什么的嘶吼，而另一种则是淫荡的呻吟。

我先是被吓了一跳，然后回过头看了一眼搭档，他示意我结束催眠。

我："放松，那只是一个梦，你很快就会醒来，当我数到'3'的时候，你就会醒来。"

"1。"

房间里充满了两种完全相悖的声音，但那是她一个人发出来的，每隔几秒钟交替一次。

"2。"

她终于停止了类似于人格分裂的情绪交替，开始急促地呼吸。

"3。"

她抽搐了一下，睁开双眼。此时，她的衣服和头发已经被自己弄乱了，脸颊上带着女人性兴奋时特有的潮红。

还没等我开口，她先是皱了皱眉，然后快速在屋里扫视了一下，就冲向垃圾桶，大口大口地呕吐起来。

　　送走她后，搭档回到催眠室。

　　我："我怎么觉得催眠失败了？"

　　搭档："但最开始的时候很正常。"

　　我："除了开始那段，后面她几乎完全不接受我的暗示，像是按照自己的模式在进行。"

　　搭档的眉头皱得很紧："对，这个我也注意到了。"

　　我："明天要不要再试一次？"

　　搭档皱着眉歪坐在沙发上："先等等，我觉得还是有一点儿收获的。从呕吐来看，她似乎是被性侵的样子……"

　　我："嗯，我也这么觉得。"

　　搭档："但是问题就在于最后她所做出的反应——抗拒的同时似乎还有享受的另一面？这个我暂时还不能理解。"

　　我："的确，那种快速交替的情绪非常少见，似乎有精神分裂的趋势……对了，摄像机正常吗？"

　　搭档："正常，丝毫没有问题。"

　　我："这么说的话，不是第三类接触了？"

　　搭档笑了下："当然不是……你不觉得她在催眠过程中所描述的和她清醒时所描述的差异非常大吗？"

　　我："是这样，我留意到了。"

搭档："看起来，这并不完全是记忆扭曲所造成的。"

我："来对比一下吧，我觉得顺着这个也许能理出问题点。"

搭档指了指自己的额头："我已经对比过了。"

我："……好吧，都有什么？"

搭档："起初她听到有人叫自己这点一致，没有出入。但是在催眠的时候，她并没提过关于'有光笼罩自己'以及'俯视'的问题，而是添加了'窗外有人'以及'拉开窗帘'。不过，她并没说是怎么知道窗外有人的。听到？感觉到？还是窗外一直有人？而且她也没清楚地加以说明：自己拉开窗帘。"

我："她提到过，但是很含糊。"

搭档："对，我是说她没清楚地说明过，你问了之后，她才承认了这点，我认为那是她在刻意模糊这个问题。"

我："为什么？"

搭档："刚刚催眠的时候，你给的暗示很清晰，我可以肯定她接收到了。但问题是她似乎产生了抵触情绪而一直在抗争……这点我不敢肯定，一会儿再看一遍录像。"

我："难道有人给她施加了反催眠暗示？"

搭档："不，不大可能是第三者所施加的反催眠暗示，应该是自发的抵触。"

我在本子上记下："嗯，继续。"

搭档："我一直期待着她能在催眠的时候描述一下那个'大眼睛'，但很奇怪，她对'大眼睛'的描述也异常模糊，甚至还不如她在和我交谈时说得清楚。"

我："这个我也注意到了，会不会是记忆中的某些特定点被什么掩盖了？"

搭档："理论上来说不可能，因为在清醒状态下能够有清晰记忆的事情，在催眠状态下应该更清晰才对，应该不会在催眠中反而模糊，这讲不通。"

我："对了，我想起个事儿：她跟你描述'大眼睛'的时候说有点儿像是猫头鹰，而通过催眠她说看不清'大眼睛'，只能看到半身，这其实很合理。"

搭档："嗯？说说看。"

我："大眼睛，加上只能看到上半身，是不是有点儿像是个猫头鹰蹲在树枝上的样子？"

搭档想了一下后，点了点头："嗯，的确是……有道理。这么说来就是：大眼睛半身人这个模糊的形象，在她记忆中转换为一个清晰的印象——猫头鹰。她的记忆把破碎的印象完整化了。"

我："对吧？"

搭档："嗯，你是对的……但我不明白的是，'大眼睛'到底有没有离她很近？她描述的时候说'大眼睛'离自己很近，并且盯着她看。但是，她通过催眠描述的却直接跳到咱们说的那个快速交替反应，中间缺失了大量环节——'大眼睛'并没凑近她看，她也没有清醒时所表现出来的恐惧感，这很奇怪，你不觉得吗？"

我："嗯，缺失的还不是一星半点儿。"

搭档紧皱着眉："我觉得……也许那就是关键。"

我："会不会是她真的被性侵了？例如被人下药一类的？"

搭档："这个我也想过。听描述似乎她是单身状态，没提到有丈夫或者男友……虽然有可能是你说的那种情况，但我觉得概率非常小。你看，她丝毫没提过性侵痕迹和感受，对吧？假如真的有性侵的话，按理说应该会有各种迹象的。既然她没怀疑过，就证明没有什么痕迹，也就是说性侵的可能性可以忽略掉。"

我："嗯……是这样。"

搭档："我整个叙述一遍对比后的结论，这样我们就能确定哪些描述的可信度高。"

我点头示意他说下去。

搭档从沙发上站起来，在屋里来回溜达着："首先，她半夜起来了，这一点是可以确定的，但是被某个声音叫起来的这一点有待证实。至于笼罩她的光和俯视是无法确定的，'大眼睛'同样也是无法确定的……"

我："等等！'大眼睛'为什么没法儿确定？我觉得她在描述和催眠的时候都提到了，所以'大眼睛'应该是客观存在的吧？"

搭档停下脚步："我不这么认为，她对'大眼睛'的描述虽然看上去很清晰，但实际上极为模糊，既没说清楚'大眼睛'的样子，也没说清楚'大眼睛'对她做了些什么，甚至无法肯定'大眼睛'是否同她有过近距离接触，所以我认为'大眼睛'只是概念性存在，不能确定。"

我："概念性存在……你的意思是：'大眼睛'实际上很可能只是来自她的某种错位记忆，而不是事发当晚？"

搭档："对，'大眼睛'应该是她曾经的记忆整合形象。"

我："呃……这点……我没那么肯定。但是你说得有道理，还有吗？"

搭档："还有就是重点了——就是她跳过去的部分。在和我交谈的时候，她提到有声音，但只强调说那是不好的声音，并没说明到底是什么。而在催眠状态中，她的挣扎和呻吟……她指的应该就是这个声音。"

我："嗯，难以启齿的。我猜，她在描述的时候就知道那是自己的呻吟。"

搭档："正是这样。所以，最初她并没有就这个问题说下去，而是跳到了'大眼睛'对她的凝视。可是，这个令人印象深刻的事件，她在催眠状态下居然压根儿没提过，而是直接跳到了她最后的反应去了。所以我认为：在她身上到底发生了什么事，并且造成了那种反应，才是重点。"

我："为什么我觉得搞清楚'大眼睛'才是最重要的？"

搭档皱着眉头："你说得也许对，但是我的直觉是'大眼睛'似乎没那么重要……给我一晚上，我明天告诉你为什么。"

我抬手看了一眼腕表："你让她明天什么时候来？"

搭档："下午。"

我："如果明天你还不能确定的话，要不要通知她后延？"

搭档眯着眼想了一会儿："我有90%的把握明天就能告诉你。"

第二天。

搭档进门的时候，我看了一眼时间，已经快中午了。我留意到他双眼布满血丝，但看上去却是很兴奋的样子，我猜，他喝了不少咖啡。

我："熬夜了？"

搭档扔下外套，伸了个懒腰："凌晨才睡，不过，我知道她的问题了……你想知道吗？"说着，他狡黠地眨了眨眼。

看着他得意的样子，我就知道他已经理出头绪了："这个问句模式，还有表情……不会又让我请吃午饭吧？"

他无耻地笑了："说对了。"

我："先说吧。"

搭档边把脖子弄得咔嚓咔嚓响，边抄起水杯："其实不算太复杂，只是因为信息太少，所以兜了不少圈子。但相比之下，让我最头疼的是怎么解决她这个问题。"

我愣了一下："你是说你连解决方法都想好了？"

搭档端着杯子点点头，咧开嘴笑了。

我："要是你错了呢？岂不是白想了？"

搭档："你先听听看吧。"说着，他开始在屋里慢慢溜达着，"通过昨天的接触和催眠，我们知道了几件事，对吧？她夜里起来过，但是说不清是做梦还是清醒，我认为那应该是她在梦游。"

我："嗯……这个我昨天晚上也想到了，但梦游的人是意识不到自己梦游的。"

搭档："对啊，当然意识不到，我也没说她记得自己梦游啊，她记住的是自己的梦境。"

我："明白，继续。"

搭档："首先，她是在梦游，但那只是普通的梦游，并非什么第三类接触。我们都知道，梦游大多会在孩子身上发生，在成人中并不常见，而她之所以梦游，是因为……"

我："压力。"

搭档："'叮咚'！就是这个。"

我："你说她压力大？"

搭档："是的。"

我："能解释一下吗？"

搭档："她的穿戴显示她的收入应该相当不俗。而且她长相挺漂亮的，你不觉得吗？昨天听她的描述，没有任何迹象表明她已婚或者有固定的男友。高薪、单身、30多岁，除了工作之外，想必她的年龄也是压力之一。"

我："你是说婚姻？"

搭档："嗯，是的。也许对男人来说婚姻不是那么重要，但是对女人来说，非常非常重要。所以我说，她的部分压力也来源于此。虽然昨天我跟她聊了没多久，但是能看出来她是一个自我约束力很强的人。通过她眼神的镇定、自信，以及措辞的严谨性等就能认识到这一点。但是我们都很清楚，越是这样的人，内心深处所压抑的东西越具有爆发性。所以说压力，加上她的性格，导致了我们所看到的。"

我点点头："你是指她的释放方式是梦游。"

搭档："不，不仅仅是梦游。"他放下水杯，意味深长地看着我，"昨天我就说了，在她身上到底发生了什么事，并且造成了那种反应，才是重点。"

他说得我一头雾水，所以我没吭声，只是看着他。

搭档："她的梦游本身只是释放压力的途径，而梦游状态下所做的行为才是释放，至于她梦游都做了些什么……看她那种让人惊异的快速交替反应就知道了。"

我："你不是想说她在……"

搭档："我想说的就是那个，她在手淫。"

我："呃……这有点儿出乎我的意料了……"

搭档抱着双臂靠在桌子上："实际上，以梦游的方式来手淫已经不能释放她所压制的那些情绪了，所以她的表现更极端——关键点就是那个我曾经百思不得其解的'大眼睛'。"

我："你就不能痛快说完吗？"

搭档笑了："昨天我说过，我认为'大眼睛'只是一个概念性存在罢了。而当我夜里反复看了几遍她的录像后确定了这点——'大眼睛'的确来自她的记忆——应该是有人窥探过她所住的地方，例如对面楼上的？使用的工具就是望远镜。那就是'大眼睛'的原型。"

我："很大的眼睛……只能看到半身……有可能。"

搭档："虽然她很讨厌那种窥探的行为，但是那个窥探本身又给了她一个释放所需的元素：被人偷窥。至此，必要的元素都齐了，串起来就是：她的自我克制、自我施压已经到了某种极致，必须通过扭曲的方式才能释放出来——梦游——手淫——给偷窥者看。"

我愣了好一阵儿才彻底理解他的思路："她有露阴癖？"

搭档："不不，她不是真正的露阴癖，她所暴露的对象只是她根据记忆假想出来的。实际上，她并没把自己手淫的过程展示给任何人看，她的自我克制和自我约束也不允许她这么做。"

我深吸了口气："看上去……我很难想象她会这么做，至少……好吧，我不大能接受一个那么端庄的女人会这么做。"

搭档："你对此不接受很正常，因为实际上她的确不是放荡或者变态的女人，她所做的这一切连她自己都不接受——即使在梦里。因此，她通过一种免责的方式来表现：外星人控制了自己的行为和意识，并且是在外星人的监视下进行的。但即便如此，她还是无法接受——记得她情绪的快速交替吗？一面享受，一面抗拒，那也源于她的自我挣扎。"

我："按照这个说法，'大眼睛'其实是具有双重性质的，既是释放元素之一，也是免责元素之一。"

搭档："正是这样。"

我："那她的反抗会不会仅仅是一种作态？我们都知道有些女人偶尔会有被强奸性幻想[2]。"

搭档："这我知道，但是我能肯定她绝对不会有被强奸性幻想，她所做出的抵抗也不是作态，而是真实的。因为当催眠结束后，她的生理反应是呕吐。"

我："嗯……可是，我不明白她为什么用这种方式来缓解压力。"

搭档："这要看是什么样的环境因素所造成的什么压力了。没有一件人为的事情是简单的，没有一个成因的动机是单纯的。根据目前所知道的，

---

[2] 有相当一部分女性会有"被强奸"或者类似于"被强奸"的性幻想，但那只限于幻想。对于女性这种想法的成因众说纷纭，目前所公认的最具有合理性的观点是：由于人类在进化初期所面对的恶劣的自然环境，女性当然会选择健壮的、野蛮的、强有力的异性作为配偶，从而使自身安全得以保障。也就是说，女性的"被强奸"幻想根本着重点在于男性力量，而非强奸行为本身。

我没办法推测出她面临了什么样的压力，这个只能问她本人了。不过，根据她的描述，我还是能推测出一些的。否则，我不可能有解决的办法。"

我："我正要问你这个呢，在这之前，先说你根据对她的观察所做的推断吧。"

搭档："还是等跟她再谈一次之后吧，肯定会有修正的。"

我："你昨天告诉她几点来？"

搭档："下午1点，她肯定会准时的。"

她果然准时赴约，看上去她似乎和搭档一样，也没睡好——脸上那精致的淡妆下透出一丝疲惫。

搭档："没睡好？不是又发生那种情况了吧？"

她做出个微笑的表情："没，只是睡得不踏实。我们继续吧。还要催眠吗？"

搭档："先等等，我想多了解一点儿其他的情况，否则就直接去催眠室而不会来书房了。"

"嗯。"她点点头。

搭档："可能有些问题属于私人问题，我可以保证我们谈话的内容不会……"

她平静地打断他："这些就不用说了，你的职业需要你问一些有关隐私的问题，我能理解，你问吧。"

搭档笑了笑："很好，呃，那么，请问你是单身吗？"

她："是的。"

搭档："是未婚还是离异？"

她："离异。"

搭档："理由呢？"

她停了下，轻叹了口气："我们都很忙，忙到经常见不到面，感情越来越淡，最后……就是这样。"

搭档："是不是你和前夫之间的感情本来就不是很稳定？我这么问似乎有点儿冒犯，这个问题你可以不回答。"

她的表现很平静："不，不冒犯，你说对了。我们之间本来感情也不深，说是婚姻，倒不如说彼此都是装样子。"

搭档："多久以前的事儿了？"

她："四年前。"

搭档："你的职业是？"

她："风险投资的评估、核定，经常会飞来飞去的。"

搭档："收入很高吧？"

她："所以代价也大。"

搭档："你平时看书吗？"

她："看。"

搭档："看得多吗？"

她："这个……我不清楚什么算多，不过我不看电视，除了查必要的资料，基本也不上网，平时闲暇都是在看书，例如在旅途中。"

搭档："还有做头发的时候？"

她笑了："你怎么知道？"

搭档并没回答她："你没再找男朋友吗？"

她："身边没有合适的，我也不想找同行。"

搭档："你和家人的关系好吗？"

她微皱了下眉："嗯……一般般。"

搭档："你的上次婚姻跟他们有关吧？"

她没吭声，咬着下唇点了点头。

搭档："能说说吗？当然，你可以选择不说，这个决定权在你。"

她深吸了一口气，想了想："我刚才撒谎了。"

搭档："哪部分？"

她："我说离婚是因为我们很忙，其实不是。"

搭档保持着静默。

她再次深吸了一口气："跟他结婚基本是被家里人逼的。他家境非常好，很有钱，也许你会觉得我的收入高，但是他的收入比我高10倍不止……所以……就是这样。"

搭档："你前夫要你辞职，对不对？"

她点点头。

搭档："那段婚姻维持了多久？"

她无奈地笑了下，摇了摇头："一年。连维持都算不上，几乎一直在冷战。"

搭档："因此你和家人的关系变得很糟，对吧？"

她略微仰起头，眼里闪过一丝无奈，看上去她在抑制着悲哀的情绪。

搭档："现在还和家人联系吗？"

她很快恢复了平静的表情："近一年好点儿了。"

搭档耐心地等了一会儿，等她彻底平静下来才开口："你是不是对家人有过报复性的想法？"

"嗯……"她显得有些惊讶，并且因此而略微停顿了一下，"是的。你怎么知道？"

搭档笑了笑，并没有回答她："让我猜猜你的报复方式：随便找个各方面都不如你的男人嫁了。对吗？"

她点点头："嗯，不过，我很快就打消那个念头了，那太可笑了，也太幼稚了。"

搭档："所以你转而拼命工作？"

她："对……不过我……我并不是那种女强人，我只是希望他们都能够尊重我，而不是把我当作一个养老的机器，也不是成为满足某人性欲的工具。"

搭档："你的想法是对的，但是你因此而自我施加的压力太大了。"

她："这我知道……"

搭档："好了，关于问题我基本都问完了，下面我会单独告诉你一些事情，这屋里会只有我们两个人。"

她："嗯。"

搭档："不过，有摄像机记录是必需的，你能接受这点吗？"

她："好。"

搭档望向我，我点了点头后，起身打开摄像机，离开书房并且关上了门。

整个下午，他们都待在书房里没出来，并且有那么一阵儿，里面还传出了她的哭声。不是抽泣，而是号啕大哭。我猜，搭档触及了她的内心深处。

当晚。

我："嗯？你是说她手淫的行为其实是报复？"

搭档停下筷子，抬起头："你一定要在我吃饭的时候问得这么直白吗？"

我："自打送她走后，你遮遮掩掩、东拉西扯到现在，就是不说到底什么情况。"

搭档叹了口气："好吧……她的父母犯了一个大多数父母都会犯的错误。"

我："什么？"

搭档："凡事都替她做主，并且告诉她：'这是为你好。'"

我："So？"

搭档："她出于对婚姻的失败所带来的不满，慢慢形成了某种扭曲状态。如果描述的话，是这样一个心理过程：你们说是为我好，但是那个男人只是对我的容貌和身体感兴趣，完全不知道尊重我的选择——你们用我的身体作为交换代价，从而使你们有四处吹嘘的资本，那我就用对自己身体的轻视来报复——手淫展示给猥琐下流的偷窥男人看。"

我：“哦……原来是这样……其实跟性欲无关，对吧？”

搭档：“是的。”

我：“那么，挣扎和抗拒的反应就是她的自尊部分了？”

搭档：“是的。”

我：“这跟你上午说的不大一样，要复杂些。”

搭档：“嗯，昨天我在跟她谈的时候忽略了她的家庭所带来的问题，一个字都没问过，这是我的错，太疏忽了。”

我：“那除了手淫以外的其他部分呢？”

搭档：“其他部分差不多……对了，还有一个我忽略的细节。”

我：“什么？”

搭档：“记得在催眠的时候她说在客厅找东西，对吧？并且说‘我不是我’，其实那是她在做准备——做消除掉自我的准备，这样才能实施：把自己的身体当作发泄工具，用假想的暴露和真实的手淫来宣泄报复心理。”

我：“那她所说的‘找东西’是指什么？”

搭档：“应该是在找她所期望的感情，那同时也是在做最后的挣扎，她企图制止自己这种行为。”

我：“嗯……还有别的吗？例如你没推测出来或者被忽略的部分？”

搭档：“基本没了，差不多就是这样了。哦，还有几个细节。她描述的时候说自己被笼罩在光里，后来跟她聊的时候，我发现那是她期望自己能够在工作中被瞩目，成为焦点，这个源于虚荣心，倒没什么大问题。至于她说‘大眼睛’离她很近，那是她对自身行为扭曲的恐惧感，也不算重点，忽略了就忽略了。”

我："这么说，基本都在你的意料之中，对吧？虽然有细节差异，但是方向上没错误。"

搭档重新拿起筷子，扬了扬眉："当然。"

我："先别忙着吃，告诉我你的解决办法。"

搭档："我建议她找个男友……"

我："滚，你绝不可能用那么低劣的建议打发她的。"

搭档咧开嘴笑了："现在还不知道有没有效果呢，所以我只让她付了一半费用，半年后如果没问题，再付另一半。"

我愣了一下："……你……好吧，能用钱来做赌注，证明你有十足的把握。"

搭档："不，只有一半多点儿的把握，因为我没这么做过，但我总得试试。"

我叹了口气，埋头吃饭，没再吭声。

两三个月后，有一天我独自在诊所的时候，她来了，专门来付清余下的费用。

虚假地推辞了一下后，我好奇地问她，那天下午搭档到底对她说了些什么。

她告诉我，搭档问她喜欢不喜欢养植物。得到肯定的答案后，搭档建议她养很多植物，非常非常多，布置得整个客厅都是。当她出差的时候，就请人来照顾。

在最开始一个多月并没什么特别的，但近一段时间，每当她觉得很累的时候，就会梦到自己去了一个花园，坐在那些花草树木中感受着那份安静却蓬勃的生机。之后，她的心情和状态就会飞快地好起来。

我问她为什么。

她眼里闪着奇异的光芒："你知道吗，那是我的花园。"

关于梦和
催眠

来访者："……所以说，你选择催眠师作为职业完全是出于偶然了？"

我笑了笑："就是这么回事儿。"

来访者："那你后悔吗？"

搭档在旁边忍不住笑出了声。

来访者转向搭档："怎么了？"

搭档："你这问题像某个无聊的媒体才会问的。"

来访者："我真的这么想。"

搭档忍住笑："好吧……"说着，他转向我。

我："呃……必须承认我也觉得这个问题很奇怪，但如果你真想知道，我认为自己没后悔过。至于为什么……嗯……我也说不清，总之很有趣就是了。"

来访者："因为能窥探到别人的内心？"

我："我的职业要求我必须这么做。"

来访者："所以，我有点儿羡慕你们。"

搭档："关于窥探隐私？"

来访者："不啊，关于解读别人的梦和内心深处这件事本身。"

搭档："这点并不像你想象的那么有趣，我是认真说的。"

来访者想了想："好吧，仔细想想有可能……好了，我们把话题转回来，接着说梦吧。我觉得梦境所表现出来的太神奇了。"

搭档："哪一部分？"

来访者："全部！"

搭档："那是因为在你并不了解梦的情况下，受到把梦过于夸大的影视和文艺作品的影响罢了。"

来访者："关于梦的小说我看得不多，所以不清楚，至于影视……的确有些电影对梦的描述我不是很喜欢……"

搭档："嗯，我也不喜欢影视作品中描述的梦境，那些编剧在对梦并不了解的情况下，肆意把梦搞得无比神奇。"

来访者："话是这么说……虽然我不喜欢那些夸张的描述，但是你必须承认梦很神奇，不是吗？例如梦境对于时间的无视。"

搭档一脸困惑："我没听懂你说的是什么意思。"

来访者："是这样，你看，有时候明明睡了几分钟，但是为什么做了一个很长的梦呢？梦完全无视时间的长短，难道这不是梦境的神奇之处吗？"

搭档叹了口气，转向我："还是你来告诉他吧。"

我点了点头："梦中的景象都来自你的记忆。也就是说，梦中你所经历的场景和事物，不过是对现实记忆的提取及再加工——记忆当然可以瞬间千里，跨越时间和空间——那些场景和事件实际上就是潜意识从记忆中抽取出场景和片段组成的，所以梦根本不需要时间流。打个不恰当的比方吧：这如同你打开电脑里存储的视频不需要漫长的缓冲……"

搭档接过话茬儿："所以我说，我不喜欢影视作品中描述的梦。尤其是你刚说过的'梦对时间的无视'这点，每次看到对此故弄玄虚的电影，我都会忍不住想笑。"

来访者："虽然打开储存在电脑里的视频不需要时间，但是看那些视频需要花时间啊，这个怎么解释？"

我："你定位错误——我所指的电脑就是你。"

来访者："哦……原来是这样……但我还是有疑问。"

我："例如？"

来访者："你刚才说梦中的场景来自对现实场景的记忆，这我承认自己没想过，而且你说得很对，但是梦中所发生的事情呢？也全部来自记忆吗？有些事情我并没经历过啊？例如那种恐怖电影似的梦？虽然你可以说那是从我曾经看过的电影或小说中来的，但是在梦中我会有自己的判断，对不对？我会有自己的想法，对不对？那不是从记忆中来的吧？需要时间吧？这怎么解释？"

我："还是打个比方吧。假如你在驾驶汽车，遇到红灯或路面状况时，你会思考很久吗？不会吧？你会很快做出判断，对不对？"

来访者："你说的是本能？"

搭档："那不是本能，那是你后天受到训练所形成的条件反射。实际上你在梦里所有的行为和想法，就如同驾车在路上：事件和场景是以流动形式呈现给你的，你在梦中的反应也只是根据经验对此直接做出判断和选择的条件反射罢了，这并不需要多长时间，1秒？甚至更短。"

来访者仔细想了好一阵儿："哦……我明白你们说的了……所以催眠师才会通过催眠来进入别人的梦里去截取那些记忆，对吧？"

我："不完全对，催眠和睡觉是两回事儿，但催眠的确是在模仿做梦的状态。"

来访者："咦？催眠不是让人睡着？"

我："呃……不是……"

来访者："那为什么叫作催'眠'？"

搭档："河马并不是马，鳄鱼也不是鱼。"

来访者："……好吧，我一直以为催眠就是让人做梦，然后趁着对方做梦的时候去问一些自己想知道的问题呢……"

搭档边笑边看我。

我："催眠是通过某种手段让被催眠者交出部分意识，这样就能获取被催眠者潜意识中的一些想法或者某些记忆。"

来访者："交出部分意识？这是怎么回事儿？"

搭档："他指的是主控权。被催眠者在进入催眠状态后，会接受催眠师的引导——其实这就是交出意识的控制权。"

来访者："被催眠的时候，不具备思考能力？"

我："不，丧失的不是思考能力，而是部分防范能力。"

来访者："就是别人说什么自己答什么，对吧？"

我："差不多是这样。"

来访者："那这个回答是经过思考的吗？"

我："嗯……与其说是回答，倒不如说是条件反射。这样你就能理解了吧？"

来访者："我懂了，条件反射是最直接的，没有任何防范……那你刚才说催眠是模仿做梦，是不是指刚才你们说的那个？面对记忆流的直接反应？"

搭档："实际上更深层一些，通过催眠所面对的实际上是被催眠者的潜意识部分。"

来访者："关于潜意识的问题我回去再查。我有两个问题，一个是：潜意识不会被意识到吗？另一个是：我想知道为什么要这么做？"

搭档："对，当然不会被意识到，所以被称之为'潜意识'。至于为什么这么做……因为虽然我们无法意识到潜意识，但是我们的一言一行基本都被潜意识所影响着。"

来访者："那本能呢？本能不能操控我们的行为吗？"

搭档："本能是原始出发点。比方说你饿了，你会找食物，但是你的潜意识则在你寻找食物种类时加上了一些特征。假如你潜意识中有节食的倾向，那么你在寻找食物的时候会更偏向于低热量、低脂肪。若是你对某种能够成为食物的动植物有特殊的经验，比方说你小时候被猪追过，这个记忆在你心理上留下阴影，那么你在选择食物上有可能更偏爱猪肉，这是因为报复心理，或者很排斥猪肉，这又是因为泛规避危险心理联想。因此，你的行为动机就变得极为复杂，但是表现出来的形式却很简单：你饥饿时喜欢首选猪肉或者完全不选择猪肉。"

来访者笑了："你小时候才被猪追过呢！不过，我听懂你的意思了，细想的话的确是这样。"

我："所以说，催眠师通过各种手段去获取被催眠者的潜意识中的信息，其实目的就是解释行为。刚才他说过了，行为的表象简单化掩盖住太多太多行为动机了。"

来访者："真有意思啊！这些是我原来完全没想过的问题……对了，还有，你刚才说催眠是在模仿梦境，也就是说梦境其实是一种潜意识的表现形式喽？"

我："嗯，根据目前的观察和认知来看，是这样的。"

来访者："那这么说吧，实际上，潜意识是趁着睡眠时期意识停滞才会主导梦的，对吗？但是有时候我会意识到自己在做梦，这怎么解释？"

我："睡眠时期的意识不是停滞的，而是浅淡、低频率、低范围的活动，所以在有些时候你会有那种'知道自己在做梦'的体会。"

来访者："催眠的时候呢？会不会有这种可能性？就是被催眠者的意识跟催眠师争夺控制权？"

我："会，还很常见。"

来访者："那什么情况下会发生这种事？"

我："不信任的情况下。实际上，心理分析、心理诱导、心理暗示和催眠一样，基本都是建立在信任的基础上，否则很容易失败。"

来访者："有例外吗？"

我："有。"

来访者显得有些惊讶:"难道真的有轻轻松松就可以给人催眠的?"

搭档:"并不轻松,那种快速催眠也要精心挑选被催眠对象的,例如意志薄弱的人或者在某人意志薄弱的时候。"

我补充了一句:"还有群体催眠。"

来访者:"同时对很多人催眠反而容易?"

我:"相对容易一些。有个说法可能你听说过:骗十万人比骗一个人容易。"

来访者:"为什么会这样?"

我:"人在群体中的时候防范会降低很多。群体催眠看似并非具有个体针对性,但实际上还是有的。加上人与人之间的情绪相互感染,平时那些不易被催眠的人反而会受到身边那些容易被催眠的人的影响而被催眠。"

来访者:"听上去好像洗脑……"

我:"实际情况就是这样,因为情绪的感染和扩散起了很大作用。"

来访者:"以后我得留意一下这种活动。"

我:"观察?"

来访者:"嗯……我想观察一下……对了还有,既然做梦本身就是一种潜意识的释放,你也说了,催眠在某种程度上是模仿做梦,那是不是可以在别人睡觉的时候像催眠那样去问问题呢?"

我:"可以是可以,但是由于对方的催眠状态不是你引导的,所以你的问题很可能把对方的意识唤醒。"

来访者:"哦,是这样啊……我还以为可以趁着对方睡觉时随便问呢。"

搭档："某些时候可以，但是成功率偏低。"

来访者："说到现在，似乎所有问题都集中在潜意识上了，对吧？如果说做梦本身是潜意识的释放，我可不可以这么说：其实做梦的时候才会触及自己的……自己的……内心？灵魂？自我？你们明白我指的是什么吗？"

搭档点了点头："明白你指的是什么，可以这么说。"

来访者："也就是说，梦极其重要，对吗？"

我："引用拉康 ① 的一个观点吧：拉康认为，潜意识是人类一切行为的源头，我们所有的感受、判断、分析和选择都源于潜意识。所以，既然梦是潜意识的释放，那么我们所说的现实只是虚幻，梦才是真实的。现在的问题是：我们该怎么用虚幻去解析真实呢？"

来访者："我的天……的确是这么回事儿！"

搭档："你把他吓到了。"

来访者似笑非笑地看着搭档："还好……当初听说你从事这个的时候，我还以为是个很无聊的职业呢，没想到你们的工作这么有意思，我还是挺感兴趣的……"

搭档："我们不招人。"

来访者叹了口气："还是那么滴水不漏。"说完转向我："谢谢你，今天真的了解到不少东西。"

---

① 雅克·拉康（Jacues Lacan，1901—1981），法国著名心理学家、哲学家、医生和精神分析学家，结构主义的主要代表，被誉为"法国的弗洛伊德"。

我回报一个微笑："客气。"

来访者："时间差不多了，咱们一起吃饭吧？我埋单。"

搭档："终于说到正题了。"他转向我："走吧。"

我点了点头，起身去拿外套。

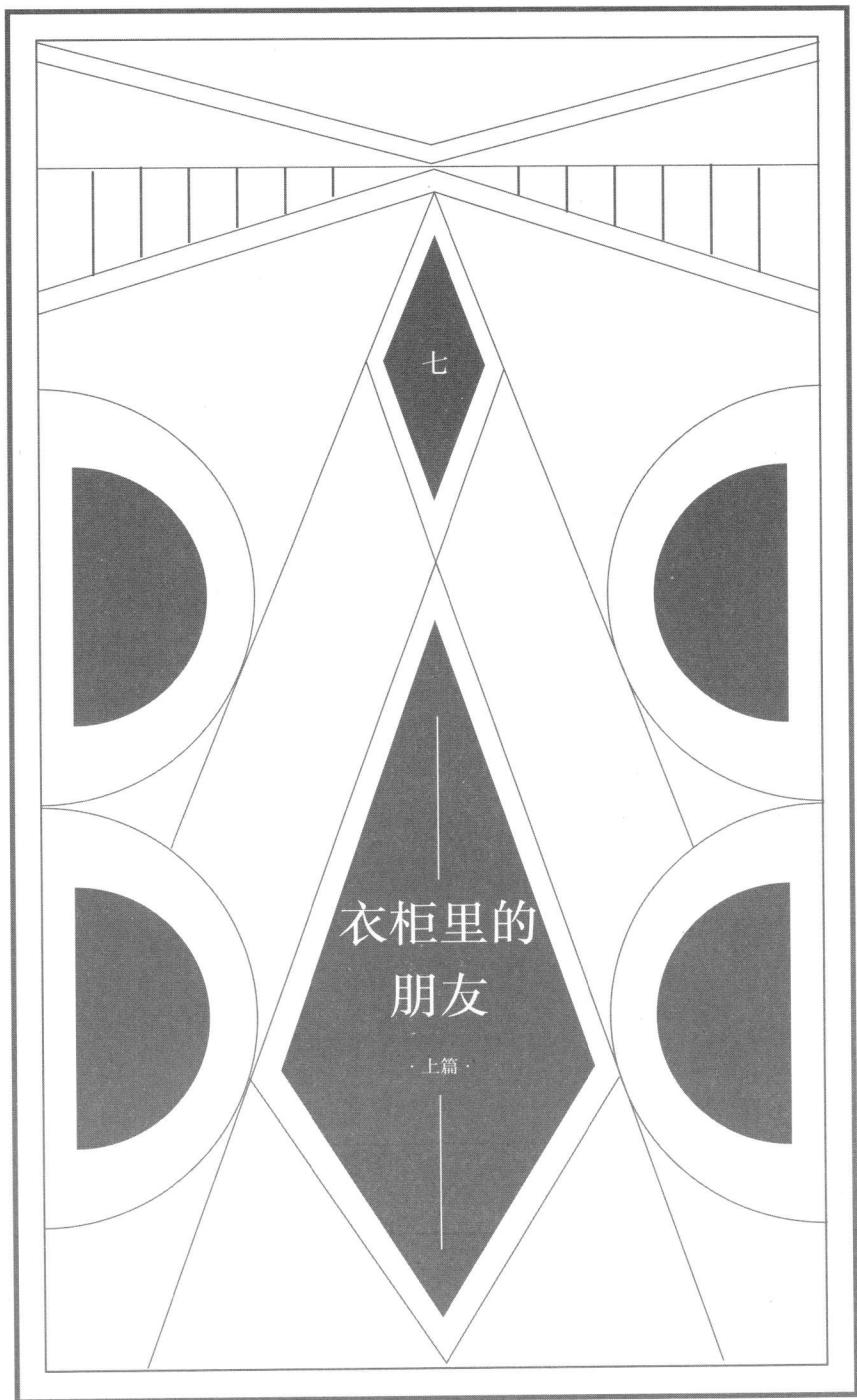

七

衣柜里的
朋友

·上篇·

挂了电话后，我就开始走神儿，以至于不知道搭档什么时候从书房溜出来，坐到催眠用的大沙发上好奇地看着我。

搭档："你……怎么了？"

我茫然地抬起头看着他："什么？"

他似笑非笑地看着我："你从刚才接完电话后就走神儿，失恋了还是找到你亲生父母了？"

我完全回过神："什么亲生……你才不是亲生的呢。刚才一个朋友打电话说了件奇怪的事儿。"

搭档："有多奇怪？"

我想了想，反问他："你相信鬼吗？"

搭档："你是指和爱情一样的那个东西？"

我："和爱情一样？你在说什么？"

搭档："大多数人都信，但是谁也没亲眼见过。"

我叹了口气："我没开玩笑，你相信有鬼魂的存在吗？"

搭档略微停了一下："相信。"

他的答案多少让我有些意外："我以为你不会信……"

搭档："干吗不信？用鬼来解释很多莫名其妙的事情会方便得多，而且这种神秘感也正是我们所需要的——否则这个世界多无聊。你刚才接电话就是听了这么个事儿？"

我点点头。

搭档露出好奇的表情："打算说吗？"

我："嗯……是这样。刚打电话的那个朋友说到他远房亲戚家里的问题。那两口子有个儿子，原本挺聪明的，后来大约从 13 岁起，就能看到自己衣柜里有个女人。那女人穿一件白色的长裙，类似睡袍那种，长发。"

搭档："嗯……标准女鬼形象。"

我："开始的时候，男孩跟家人说过，但是没人当回事儿，觉得他在胡闹。后来，他们发现男孩经常一个人在房间里自言自语，他们就问他到底在跟谁说话。男孩说，衣柜里那个女人有时候会跑出来跟他聊天，并且劝他：'活着很没意思，上吊自杀吧……'"这时，我留意到搭档的表情已经从平常的散漫转为专注，于是停下话茬问他，"怎么？"

搭档："嗯？什么？我在听啊，继续说，然后呢？"

我："然后这家人被吓坏了，找和尚、道士什么的作法，家里还贴符，甚至还为此搬过两次家、换了所有家具，但是没用，那个衣柜里的女鬼还是跟着他——如果没有衣柜，就转为床下，或者房间的某个角落。依旧会说些什么，并且劝男孩上吊自杀。就是这么个事儿。"

搭档点了点头："真有意思，一个索命害人的吊死鬼找替身……现在还是那样吗？"

我："对，还是这样。"

搭档靠回到沙发背上，用食指在下唇上来回滑动着："传说自杀的人，灵魂是无法安息的……"

我："嗯，我也听说过这个说法，所以我刚才问你信不信鬼的存在。"

搭档："那是什么时候的事儿？那个男孩现在多大了？"

我："大约3年前，那孩子现在16岁。因为经常自言自语，并且行为怪异，现在辍学在家。"

搭档："哦……这样啊……可以肯定他父母都快急疯了。那现在他们住在哪儿？"

我说了一个地名，那是离这里不远的另一个城市。

搭档沉吟了一下："不远嘛……要不，我们去看看吧？"

我吓一跳："怎么个情况？"

搭档："我感兴趣啊，有可能我会有办法。"

"这个事儿……"我疑惑地看了搭档一眼，"超出了我们的领域了吧？"

搭档眯着眼想了一下："不，这的确在我们所精通的领域中。"

大约一周后，我们沟通好一些所需条件，驱车去了那个男孩所在的城市。

在路上的时候，我看到搭档脸色有些阴郁，并且显得闷闷不乐。我问他是不是后悔了，他点了点头。

我："你感觉没什么把握？"

他摇了摇头，又叹了口气，好一阵儿才缓缓地说道："这趟酬劳有点儿低。"

接下来是我叹气。

由于拉着厚厚的窗帘，房间显得很阴暗。少年此时正靠着床坐在地板上。他并没有我想象中的那样木讷与偏执，看上去是个身材消瘦、面容苍白的少年。

搭档拒绝了他父亲递过来的椅子，在离少年几步远的地方慢慢蹲下身，也盘着腿坐到了地板上。

我也跟着坐了下去。

少年的父亲退了出去，并且关上门。

现在房间里只有我们3个人。

当眼睛适应黑暗后，我发现少年此时正在用警惕和审视的目光打量着我们。

搭档保持着沉默，看背影似乎是在发呆。

"你们……不像来作法的。"先开口的不是我们。

搭档："嗯，不是那行。"

少年："那你们是干吗的？"

搭档："我是心理分析师，我身后那位是催眠师。"

少年显得有些意外："有这种职业吗？"

搭档点点头。

少年："你们不是记者？"

搭档："我像你这么大的时候，有过从事新闻行业的打算，后来放弃了。"

少年："为什么？"

搭档："我不喜欢站在中立的角度看事情，而喜欢站在对方的角度看事情。"

少年似乎没理解这句话："中立的角度？对方的角度？有什么区别吗？"

搭档："有，一个是足球裁判，一个是某方球迷。"

少年："哦……你们来干吗？"

搭档："听说，你有一个与众不同的朋友。"

少年点点头。

搭档："她现在在衣柜里吗？"

他抬起手臂指向衣柜："她就在那里。"

搭档："我们现在打开衣柜也看不到，对吧？"

少年依旧没吭声，只是点点头，看上去他似乎一直在观察我们。

搭档："她长什么样子？"

少年想了想："她有一头黑色长发，很瘦，穿着白色的长裙，脸色也很白。昨天你们不是来过吗？我爸我妈不是都告诉过你们吗？"

搭档："你自己说出来比较有趣。我能打开衣柜看看吗？"

少年好奇地看了一会儿搭档，迟疑着点了点头。

搭档缓缓地起身，走到衣柜前，慢慢拉开衣柜。

由于房间里比较昏暗，此时我脑子里全是恐怖片中高潮部分的画面。

适应了一会儿之后，我看到打开的衣柜里满满地堆着各种书籍，没有一件衣服。

搭档扶着衣柜门，歪着头仔细看了一会儿："看样子她在这里比较挤啊。"

少年轻笑了一下："她不需要我们所说的空间。她从衣柜中出现，也消失在衣柜里。"

搭档："现在她在吗？"

少年："在，正在看你。"

搭档："盯着我看？"

少年："盯着你看。"

搭档："她经常跟你说话吗？"

少年："嗯，她知道我在想什么，所以总能安慰我。"

搭档："还有吗？"

少年："她劝我：'上吊吧，活着真的很没意思。'"

搭档不动声色地"哦"了一声，随手抄起一本书翻了翻："《天边的骷髅旗》？写海盗的？"

少年："不是。"

搭档："那是写什么的？"

少年："写佣兵的。"

搭档："为了钱卖命那种？"

少年："为了钱出卖杀人技巧的那种。"

搭档："而且还是合法的。"

少年："对。"他重新上下打量了一下搭档，"现在能说说你们到底来干吗了吗？"

搭档把书放回衣柜，然后关上柜门，坐回到离少年几步远的斜对面："我们主要是来看你。"

少年："给我做心理分析？"

搭档："嗯，有这个打算。"

少年不羁地笑了笑："你们真有本事。"

搭档保持着平静："为什么这么说？"

少年："你们是不是认为我有自闭症，或者因为父母吵架打算离婚，就导致我希望用这种方式来获得他们的关注，最后久而久之成了精神分裂，对吧？"

他的话让我大吃一惊，因为昨天晚上在宾馆的时候我们还在聊这个问题，只不过这些话是我说的，而不是搭档说的。

搭档："你当然不是自闭症，自闭症的人嘴不会这么厉害。"

少年懒散地把头靠在床垫上："让我来说明一下整个过程吧。当你们听说我的事儿之后，就跑来这里，故作镇定地想跟我慢慢聊聊，然后再花上一段时间让我敞开心扉，最终我抱着你们之间的一个痛哭流涕，说出你们想要的所谓真相，这样你们就可以从我爸妈那里收费，并且坦然接受他们的感恩，然后心满意足地走了。如果你们虚荣，可能还会在某天吹嘘整个经过……是这样吧？如果是我来说这个故事，我一定用讲鬼故事的方式作为开头，这样才能吸引人，几度峰回路转之后，渐渐披露真相。对不对？"

搭档保持着平静："你漏了一点。"

少年："什么？"

搭档："按照你的思路，我还会告诉你：我是来帮助你的。"

少年笑了："对，这个细节我忘了。这样吧，我们做个交易好了。"

搭档："说说看。"

少年："我们按照这个方式演下去，然后你们拿到你们要的钱，我假装好一阵儿。"

搭档："那你能得到什么呢？"

少年："你们就此滚蛋，别再烦我，怎么样？"

搭档歪着头想了想："那我也有一个建议。"

少年："比我的更有趣吗？"

搭档："当然。"

少年漫不经心地把眼睛瞟向天花板，并学着搭档的口吻："说说看。"

"是这样的……"说着，搭档半蹲在地板上，前倾着身体，"不如……"话未说完，他猛地一把卡住少年的脖子，俯在他耳边用一种我从未听过的凶恶语气压低声音说道，"别为自己那点儿小聪明扬扬得意了，你编了个低劣的鬼故事玩儿了这么久，只能证明你很幼稚。我明天还会来，如果你像个小女孩那样扭扭捏捏，那到头来只能证明你只是缩在父母翅膀下的小鸟罢了。记住，嘴巴放干净点儿，别再惹我。"说完，他慢慢松开双手，站起身，看了少年一会儿，然后回头示意我准备走。

此时，他的表情看上去像是个狂暴的恶棍。

反应几秒钟后，我才连忙站起身。

出房间时，我回头看了一眼，少年显然被吓坏了，摸着脖子目瞪口呆地望着搭档的背影。

当车开到路上的时候，搭档解开领口松了口气。

我："你……嗯……怎么了？"

搭档："没怎么。"

我："呃……我们不会被那孩子的父母告吧？"

搭档不屑地哼了一声，看样子他并不想说下去，这让我很诧异。最初我还以为他会扬扬得意地跟我说明自己为什么这么做。

"好吧……当你想说的时候……"我叹了口气，继续开车。

快开到宾馆的时候，搭档突然没头没脑地冒出一句："这家伙，跟我小时候一模一样。"

晚饭的时候，搭档才完全恢复到平时的表情：散漫、镇定，就仿佛下午那事儿不是他干的。

我："听你们下午的对话，似乎不是什么灵异事件。"

"当然不是。"搭档边说边慢条斯理地用餐叉把盘子里的面条卷成一小团。

我："你是什么时候确定不是灵异事件的？昨天跟他父母聊的时候？"

搭档："在你跟我说到这事儿的时候。"

我："你始终没告诉我为什么你认为这不是灵异事件。"

他把卷在叉子上的面条蘸匀酱汁，然后抬起头："那时候我还没见到他本人，所以没法确定。"

我停了一会儿，说出自己担心了一下午的事情："他父母会起诉我们吗？"

搭档："他不会对他爸妈说这件事儿的。"

我："你怎么能确定？"

搭档："他太像我了。如果是我，我就不会说的。"

我总算松了口气："那他是什么情况？"

搭档："也许你会觉得我这么说像是有点儿在拐着弯儿自夸……实际上他很聪明，这点从他所读的那些书就能看出来。"

我："都是什么书？当时衣柜里太暗，我没看清。"

"都是些远远超过他阅读年龄的书。"说着，他轻笑了一下，摇了摇头，把那卷面条送进嘴里。

我："对了，还有，你不觉得掐他脖子这事儿……有点儿过分吗？"

搭档没吭声，点了点头。

我："作为你的搭档，从职业角度我要提醒你，最好不要再有这种事儿了，虽然你没伤到他，但是你吓到他了。"

搭档表情认真地抬起头："你认为我会再做第二次？"

我："嗯，你的那个样子我从来没见过……呃……像是个在街头混的。"

他咧开嘴坏笑了一下："好吧，我不会再有那种行为了。"

我："咱们再说回来吧，到底他是怎么个情况？"

搭档："我还不知道原因。"

我："那就略过原因。"

搭档把手肘支在桌面上，嘴里叼着叉子尖儿，看上去像是在措辞，但是我知道他不是："嗯……让我想想啊……看上去他是受了什么打击，那个打击对他来说伤害很深，所以他故意用这个方式装一出闹鬼的恶作剧来换取他想要的。就像他今天说的那样，假装被我们搞定这件事儿，好让咱俩滚蛋，他继续保持现状。"

我："什么现状？"

搭档："就是不用去他所讨厌的学校，不用面对那些对他来说白痴的同学，自己在家看自己喜欢看的，只需要偶尔自言自语，装神弄鬼。"

我："你是说他不想上学了吗？"

搭档："正是这样。"

我："所以编造了这个故事，并且维持了 3 年？"

搭档："没错儿。"

我深吸了一口气："我觉得这比鬼故事更离奇。"

搭档："一点儿都不，从昨天说起吧。昨天他父母说过，他小时候学习成绩非常好，几乎所有人都认为他是个天才。上了中学之后，开始一段时间还好，但是慢慢地，他似乎对上学和功课失去了兴趣，学习成绩也直线下跌。为此，他父母头疼得不行，甚至还请了家庭教师辅导。结果，那些家庭老师都被他轰走了。然后不到半年，他就是现在这个样子了。"

我："对，大致上是这么说的。"

搭档："有件事情他们说错了。"

我："哪个？"

搭档："他不是对学习失去了兴趣，而是对优异成绩所带来的成就感失去了兴趣。"

我："你的意思是他能做到很优秀，但是他对此感到腻了？"

搭档叼着叉子点点头。

我："我还得问，为什么？"

搭档："他的聪明已经远远超过了同龄人，他的思路、见解，以及看事情的成熟度甚至不亚于成年人。打个比方吧，现在的他更像是一个拥有少年身体和外表的老人。而且，他还会受到青春期体内内分泌的干扰。"

我："那……岂不是很可怕？"

搭档："没那么糟，也并非没有破绽。"

我："例如？"

搭档："他毕竟还是个孩子。"

我："但他现在的状态，我们拿他有办法吗？"

搭档放下餐叉，舔了舔嘴唇："当然有。"

我："什么？"

搭档望着我："你忘了吗？我说过的——这家伙和我小时候一个德行。"

第二天下午去他家的时候，少年的父母并未有什么异样的表情，这让我如释重负，他果然没把搭档的暴力行为告诉父母。

少年还是悠闲地坐在地上，并立着一条腿，把胳膊搭在膝盖上。在他身边散放着几本书，由于光线太暗，我看不清都是些什么书。

搭档靠着衣柜门坐下，我则坐在离门口不远的地方。

看上去少年并没有因为昨天的事儿而惧怕搭档，反而表现出对他很感兴趣的样子。这时，由于逐渐适应了昏暗，我看清了他身边那些书，其中有一本书的封面很眼熟，我认出那是《心理学导论》。

等他父母出去后，依旧是少年先开的口："昨天我不该那么说，很抱歉。"

搭档："我也为昨天的事道歉，你还好吧？"

少年："这没有什么，比他们打得轻多了。"

搭档："他们打你？谁？"

少年："那些白痴同学。"

搭档："为什么？"

少年："因为我不告诉他们考试答案，反正都是些无聊的原因。"

搭档："你还手吗？"

少年："想还手的时候还手，不想还手的时候就不还手。"

搭档："你是怎么还手的？"

少年："打一群我打不过，所以我就揪住一个打。"

搭档笑了："是把被揪住的那个人往死里打吧？"

少年略微有些不好意思地挠挠头："嗯……"

这让我略微有些担心，我指少年的暴力倾向。

搭档："这些你跟你父母说过吗？"

少年："从没。"

搭档："他们问过吗？"

少年："问过，我说是体育活动那类造成的。"

搭档："他们怀疑过吗？"

少年："我没有任何情绪，他们就不会怀疑。"

搭档："你为什么不告诉他们呢？"

少年："那样只会让他们干着急，也没有好的方式处理，不如不说。"

搭档："那你为什么告诉我？"

少年："呃……嗯……这个……我觉得，似乎你和原来来过的那些人不一样。"

搭档："因为昨天我对你做的？"

少年想了想："我也说不好，有可能是因为我见到的成年人都在我面前装宽容大度吧？不过你不是，你不会因为我的年龄比你小就装模作样……大概是这样。"

我发现这个男孩的思维非常敏捷。

"你为什么要看这个？"搭档指了指地上那本《心理学导论》。

少年："去年买的，一直没看。昨天你们走后，就找出来翻了翻。"

搭档："你确定仅仅是翻了翻？"

少年："好吧，我是认真看的。"

搭档："觉得有意思吗？"

少年："还成吧……"他瞟了搭档一眼，"呃……我是说，挺好看的……似乎我没办法骗你，对吧？"

搭档笑了："你骗了那些在我们之前来的人？"

少年："嗯……差不多吧，一年半以前，我见过一个所谓的'青少年心理专家'，我讨厌他的口气，所以编了好多谎话。看着他如获至宝的样子，我觉得很好玩儿。"

搭档："从欺骗中找到乐趣。"

少年："这个分对谁了。虽然我知道你的目的，也知道你打算怎么做，但是我觉得你比较有趣。"

搭档："我的目的？"

少年点点头："你打算让我回去上学，让我爸妈就此解脱，对吧？"

搭档："不，你父母会为此付钱，我就来了。"

少年笑了："你喜欢钱？"

搭档："非常喜欢。"

少年："为什么？"

搭档："它能让你体会到舒适，远离很多不爽的东西。"

少年想了一下："哦，你指金钱带来的便捷？成年人大多不会像你这样直接承认自己喜欢钱，认为那很脏……"

搭档打断他："钱不脏，脏的是人。"

少年："你看，我说你不会在我面前装模作样吧。那你从事这份职业是因为钱喽？"

搭档："不仅仅是。这种职业相对自由一些，不会太累，而且还能接触很多有意思的人。"

少年："那些有严重心理问题的人不会让人感觉很累、很麻烦吗？"

搭档："不会啊，他们当中的许多人只是缺乏安慰、缺乏安全感罢了。

至少我不觉得累。"

少年："如果他们让你感到烦了，你不会揍他们吗？"

搭档："当然不会，我昨天对你也只是做个样子罢了，如果你真的反抗，我就跑。通常情况下，我会苦口婆心地消除他们和我的隔阂，等取得信任后，我就可以在他们感情脆弱的时候乘虚而入，尤其对女人。心理医师的最高境界是和患者上床。"

少年忍着笑："你说的是真的？你在骗我吧？"

搭档："当然是真的，所以当初知道你是男的后，我失望了足足半天。"

少年大笑起来。

搭档默不作声地看着他。

笑够了后，少年问："你是多大决定做这行的？某次失恋以后？"

搭档认真想了想："不，更早，大约像你这么大的时候。"

少年："之前呢？本来打算做个记者？"

搭档："之前我设想过很多，但是仅仅是停留在设想。你呢？对未来所从事的职业有什么想法吗？"

少年："想法谈不上，我打算随便当个什么临时工，就是体力劳动者，什么都成。"

搭档："你觉得那样很有趣？"

少年："正相反，很无聊。反正做什么都一样无聊，所以就随便了。"

搭档："你没试过就说无聊？"

少年："因为可以想象得出。就拿你现在的职业来说吧，面对一个像我这样令人讨厌的人，要是我，可没这个耐心，恨不得一脚踢出窗外！明知道自己有问题就是藏着不说，然后跟你东拉西扯地闲聊。"

搭档："可是你想过没，要是你面对的人并不真正清楚自己的问题所在呢？"

少年愣了一下："嗯……也许有，但我恐怕不是。"

搭档："你确定？"

少年："确定。"

搭档重复了一遍："你确定？"

少年盯着搭档的眼睛，一字一句地说道："我，确，定！"

搭档微微笑了一下："那就好。"说着，他站起身，"只是有一点我不明白，你看了衣柜里那么多书，你每天花很多时间思考，你编了个瞎话像个兔子一样整天缩在这里只做自己喜欢的事儿，然后你告诉我你没有职业方向，也没有未来规划，这一切就是因为你很清楚自己的问题所在，对吗？"

少年也站起身："你要走？"

搭档并没理会他的问题："你真的知道你要做什么吗？你确定成年人的世界都是你想象中那样无聊的吗？"

少年："我爸妈会付你钱，所以你不能说走就走，你得陪着我聊天。"

搭档笑了："他们的确打算付给我钱，但是那是他们，不是你。假如将来有一天你做了一个大楼的清洁员或者在某个工地当工人，自己挣了钱并付钱给我的话，我陪你聊。只要你给的钱足够，想聊多久聊多久。至于现在，你只是个窝在洞里的兔子、藏在母鸡翅膀下面的小鸡罢了，除了胆怯，你什么都没有。我不想陪你玩儿了。"

少年并未因搭档的话而愤怒，反倒是显得有些焦急："如果不能解决我的问题，你岂不是失败了吗？你不是那种甘心失败的人吧？"

搭档："失败？你在说我？"

少年："我就是在说你。"

搭档："好，那么你告诉我，怎么才算是成功，你能用自己做个例子吗？"

少年："我……"

搭档："问题难住你了？那我换个问题吧，告诉我你想要什么？你将来会是怎么样的一个成功人士？"

少年："那个……问题不是这么问的……"

搭档："告诉我你想要什么？"

少年："这不公平，你……"

搭档盯着他的眼睛："告诉我你想要什么。"

少年："你得等我再想想。"

搭档摇了摇头，走到门口抓着门把手："其实你没有答案，对吧？你不清楚自己到底想要什么。"

少年不知所措地站在床边，一言不发。

搭档："如果你明天想好了，来找我。"他说了我们所住宾馆的名字和房间号后，对我点点头："我们走吧。"

回到宾馆后，我问搭档："今天开始不是很好吗？他不排斥你，你为什么不继续，反而走了？"

搭档闭着眼枕着双手，鞋也没脱就躺在了床上："如果不让他想清楚，再好的开端也没用。"

我点点头："他似乎对你很感兴趣。"

搭档："嗯，让他明白我和别人不一样是正确的。其实他很茫然，确定不了自己的方向。而且还有，从他说随便找份工作就能看出问题。"

我："什么问题？"

搭档："我认为他在报复。"

我："报复？报复谁？"

搭档："有可能是他的父母，或者是某个他曾经喜欢的老师。"

我："你指的是他的父母或者他的老师让他失望了吗？"

搭档："是这样，就是昨天我所提到的、对他造成改变的'打击'。不过，我猜不出到底发生了什么事儿，有可能不是一件事儿，也有可能是慢慢累积成的。这个成因如果不让他自己说出来，那恐怕我们解决不了现在的问题……唉……今天神经绷得太紧张了。"

这让我有些惊讶："紧张？你不是和他聊得很轻松吗？"

搭档："才不是，几乎每一句都是考虑过之后才说出来的，稍微松懈一点儿，他就会对我失去兴趣。好久没这么累了。"

我："好吧，这点我都没看出来。"

搭档："重要的是他也没看出来，毕竟还是个孩子。"

我："他明天会来吗？"

搭档蹬掉鞋从床上坐起来："会。"

我："你有把握？"

搭档："嗯，因为我让他重新开始思考一些问题了，例如：自己的未来。"

　　我："……好吧，这趟没我什么事儿。"

　　搭档："不见得……"

　　我："要我做什么？"

　　搭档："直接对他催眠似乎……我不知道这样做对不对。"

　　我："你更希望在他清醒的时候说出来？"

　　搭档："是的，这很重要。这次你来当幕后指导吧！"

　　我："没问题，你想知道什么？"

　　搭档："催眠除了暗示还有什么重点？我想借鉴你进行催眠时的方式来引导谈话。"

　　我："用语言的肯定作为即时性奖励，或者用一种比较隐蔽的方式：顺着话说。"

　　搭档："这是我的弱项，所以我做不了催眠师。"

　　我："并不复杂，你只需要快速捕捉对方的反应。"

　　搭档："这就开始传授秘诀了吗？"

　　我笑了笑："是的。"

　　我很少见到搭档这么兴奋，虽然有时候他会因为某个问题而冥思苦想，可那并不能让他的情绪产生任何波动。他就像是一个历经风浪的老水手一样，永远保持着冷漠和镇定。但这次很明显不一样，他的情绪有了变化。我很清楚这是为什么——没有人会放过那个机会：面对曾经的自己。

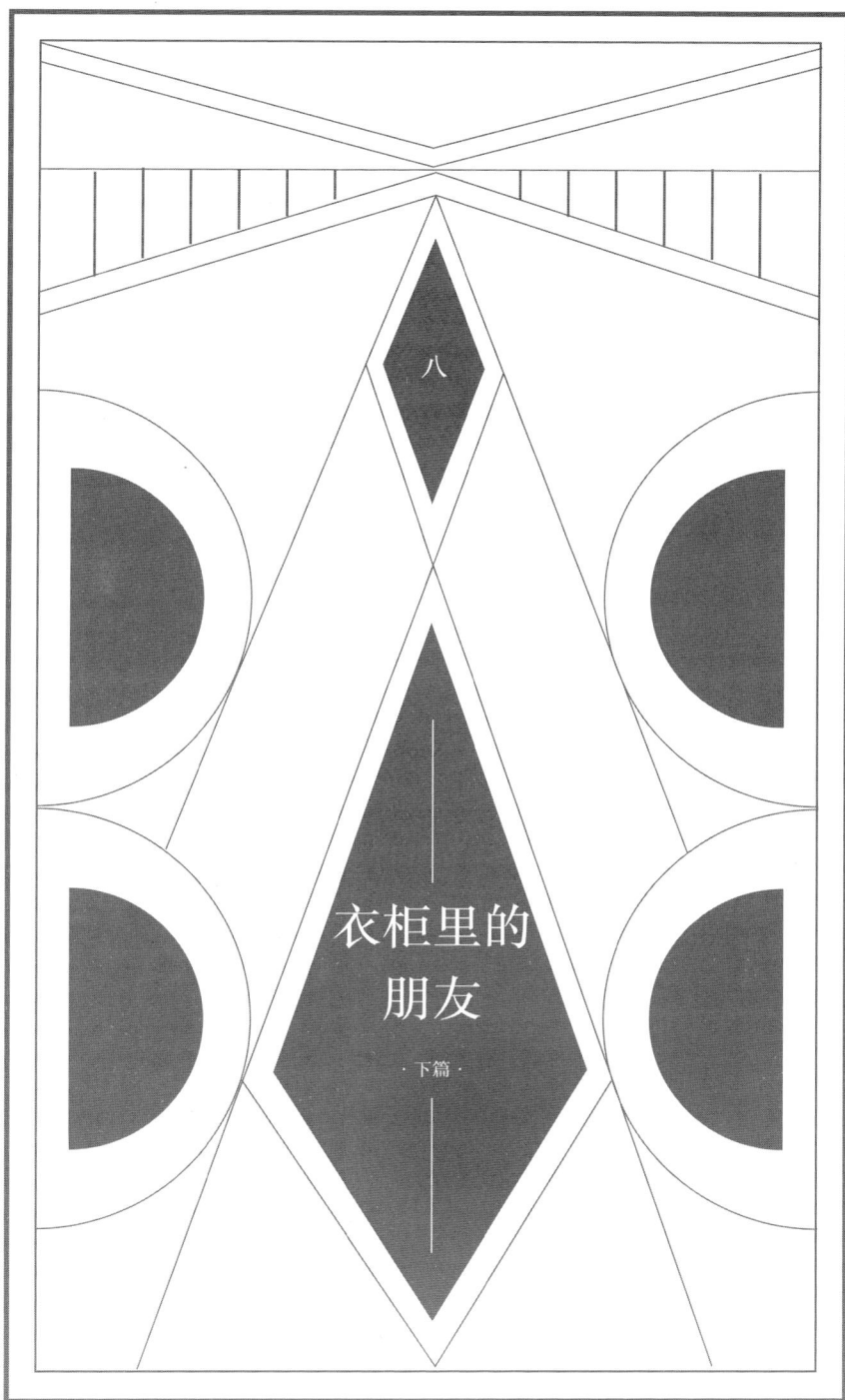

八

衣柜里的
朋友

·下篇·

第三天。

我和搭档吃完午饭回到宾馆的时候已经是下午了，一出电梯，我们就看到了少年和他的父亲站在房门口。

简单寒暄后，少年的父亲告诉我们，少年要留在这里几个小时，等时间到了他来接。看得出来，他的表情有些惊奇，因为他这个儿子已经几年没有主动要求出门了。

送少年的父亲进了电梯后，我回到房间。此时少年正在翻看桌子上我们带来的几本书，还时不时地四下打量着。搭档则抱着肩靠在窗边看着他。

少年："在短途旅行中，看书是最好的消遣方式，只不过现在很少有人看书了，大多像个白痴一样拿个便携电子游戏机。"说着，他撇了撇嘴。

搭档："每个人都有不同的消遣方式，你可以不那么做，但是要接受不同于自己的存在。"

少年点了点头，扔下手里的书去卧室扫了一眼，又回到外间东张西望着。

搭档："你在找厕所？在门口那个方向。"

少年："不，我在看你们。"

搭档："看到了什么？"

少年耸耸肩："你们是非常好的组合，很稳定。"

搭档："为什么这么说？"

少年："你的性格看上去外向，实际是内敛的，而且你的内心比较复杂。你搭档的性格跟你正相反，并且能用沉稳让你镇定下来，所以面对问题的时候，你们能够互补。没猜错的话，你搭档的沉稳正好可以弥补你的混乱。"

搭档："我混乱吗？"

少年凝视了他一会儿，又继续翻书："某些方面。比方说我可以轻易分清哪本书是你在看的，哪本书是你的搭档在看的。乱折页脚的一定是你，而你的搭档使用书签。有意思的是，你从不会在书里乱画重点或者批注什么，而你的搭档则习惯做标记，大概就是这样吧……我在这儿一个便携游戏机都没找到，看来你们两个不是白痴。"

搭档："没有游戏机是因为我们开车来的，开到这里要 4 个小时。"

少年撇了撇嘴："我这么认定还有别的原因，例如电视遥控器就放在电视机上面，看样子摆得很规矩，应该是酒店的人摆的，你们从昨晚到上午都没开过电视机。"说着，他头也不抬地指了指电视机所在的方向。

搭档："你怎么确定不是在我们吃午饭的时候打扫房间的人来过？"

少年："清洁工不会不清理烟灰缸，也不会让里面的两张床乱七八糟的。所以我说从昨晚到今天上午你们都没开过电视机。昨天之前我不能确定，因为清洁工来过。"

搭档："嗯，你说对了，我们都不怎么看电视。"

少年："常看电视节目的人也是白痴。"

搭档："这个说法太极端了。"

少年扔下手里的书，拉开衣柜上下打量着："不是我走极端，真的是那样。电视节目的内容是固定的，获取信息非常被动，一点儿自由度都没有——虽然看上去有自由度：你可以选台，实际上你的选择还是在一定范围内的。我知道那满足不了你。"

搭档："你怎么知道电视节目满足不了我？"

少年："你的搭档只带了一本书，而剩下那些都是你带来的。我注意到那几本书不是一个类型的，各个领域都有，你的兴趣面很广，证明你的知识面很广。不过我很高兴没看到《天边的骷髅旗》，就是那天你在我那里看到的那本。"

搭档："为什么？"

少年："假如你只是因为看到我曾经读过，为了了解书的内容而买一本并且企图用这种方式来了解我，那只能证明你不过是个白痴。很显然，你不是。"

搭档："谢谢夸奖。"

少年关上衣柜门，走到窗边向下张望着："我没夸你，我在说事实……从这里看下去，风景不错嘛……对了，有一点你们做对了。"

搭档："哪点？"

少年镇定地直视着搭档："你们并没有因为自己的主观意识把我判断为一个自闭或者是有阿斯伯格综合征 ① 的人，最初你们也并没对此做过更多的假想，这挺好，否则一旦我察觉你们有那种想法的话，我肯定会装神弄鬼，又哭又笑地把你们轰走了。"

搭档："嗯，但是我们路上猜测过你是不是有阿斯伯格综合征。"

少年耸耸肩，走到沙发边坐下，并看着自己的手掌："现在呢？你没想过我可能跟学者综合征 ② 有关系吗？"

搭档："不可能。"

少年："为什么这么肯定？"

搭档："你可以生活自理。"

少年大笑起来："哈哈哈！好吧，这个理由足够了。实际上，我只是在多数情况下能过目不忘罢了。也许，再加上信息整合的能力，有些书里的内容会在我脑子里自动关联，最后成为完整的信息——你明白我说的吗？我会把所有的事情关联起来——假如它们有关联度的话。所以，很多事情不必去接触，我就能知道那是怎么一回事儿，没什么大不了的。"

搭档点点头："你的问题也就出在这里了。"

少年："问题？例如说？"

搭档："你很清楚人类社会结构的理论，但是你并未置身其中去体会那到底是怎么样的；你明白爱情是一种化学分泌的结果，但是你并不知道那能带给自己多么美妙的感受；你可以想象出美丽的风景，但是你却没经历过目睹的震撼；你从书中看到过历史，但你看不到字里行间的沧桑；你读懂了高等数学的深奥，但是你读不懂那曾经让人废寝忘食的数字屏障；你学会了两种以上的语言，可你并不了解藏在那节奏中的内涵；你明白什么是心理学，但你并未去探究过那些复杂的成因。你的聪明，让你能想象并推测出很多正确的结论，但也正是你的聪明，让你只是停留在想象。

　　"你什么都没经历过，你不知道什么是残酷，什么是感动，什么是热情，什么是悲伤，你拥有的只是冷漠。你对战争的了解只是一些零碎的词汇，枪林弹雨、政治阴谋、军火商、部队编制？你不知道看着战友倒在身边，吐出最后一口气会是什么样的心情；你对男女之间的了解也只是另一些词汇，繁衍、荷尔蒙、肾上腺素？但你并不明白能够让你动心的那一刻足以影响到你的未来。

　　"你只是个孩子，我打赌你没离开过这个城市。大多数情况下，你的活动半径不超过10公里，但是你的聪明和天赋让你通过书以及各种渠道将所获得的信息整合起来，并借此想象出了一个完整的世界，但是你确定真正的世界就是那样吗？没有任何验证就认定了？你之所以不知道自己要什么，也看不到自己的未来，是因为你的一切都停留在你认定的那些概念和结论上。除此之外，你什么也不知道。也是正因如此，甚至连你编造的谎言都是个标准的模式：白衣女鬼、劝人上吊自杀、只有你才能看到……不过我必须承认，你的确只有衣柜里的朋友——那些书。除此之外，你什么都没有。你其至把自己的心和思维全部关在一个黑暗的小屋里，只需要，也只能由衣柜里的朋友陪着。你在看书吗？你看过很多书吗？可是你看懂了吗？"

少年默不作声地愣在沙发上，看上去他脑子有些乱。

搭档："就像我不会去买一本书并且企图通过它来了解你一样，你也同样无法通过任何书籍了解到我，所以你更不可能通过书籍来真正了解这个世界。在什么都没做之前，你不可能明白'体会'是一件多重要的事情，你只是从文字间知道了浅浅的一点儿而已。说到这儿，我可以理解你的茫然了，换成我，我也会茫然，我也会不知所措。你还是个孩子，你需要经历的太多了，虽然你很聪明。

"到目前为止，你对我所做出的推论都是正确的，可是你不知道我为什么会这样，因为你不知道我是怎么走过来的，那些记忆里有太多你无法想象的东西了。没经历过，你就不会弄懂什么是友情，什么是爱情，什么是绝望，什么是震惊，什么是无可奈何。在你经历之前，它们只是词汇，仅此而已。

"也许在你看来，衣柜里的那些书就是你最真挚的朋友，可是，我想再重复一遍，你真的看懂了吗？你知道你衣柜里的朋友最希望看到的是什么吗？"说到这儿，他停顿了一下，深吸了一口气，"她希望你能从心里那个黑暗的小屋里走出去，头也不回，就此离开。"

少年又愣了好一会儿才开口："我承认，你所经历的比我多，我的确是像你所说的那样，并没真的去接触什么，其实你我的差距就这么一点。"

搭档点了点头："你说得没错，但是这要等你经历之后才有资格说。"

少年咬着下嘴唇想了一会儿，没再吭声。

接下来的十几分钟里没有人说话，我们三个都保持着沉默。

最终，少年打破了沉默："就这么尴尬着吗？你们说点儿什么吧？要不，给我催眠吧？我还没试过呢。"

搭档摇摇头。

少年看了一眼我放在桌上的手机："离我爸接我还有一个多小时。"

搭档："那我们就坐一个多小时。"

我们真的就沉默着坐了一个多小时，直到响起敲门声。

临走的时候，少年问搭档："明天我能来吗？"

搭档点点头。

少年："嗯……如果我还是不想说呢？我们还是这么坐着？"

搭档依旧点点头。

少年叹了口气，转身和他父亲离开了。

看着电梯门关上后，我问搭档："明天真的就这么继续沉默着？"

搭档掏出香烟点上，打开走廊的窗子望着窗外："对。"

我："呃……其实你已经说动他了，只差一步。"

搭档："但是这一步必须他自己跨出去，否则没用。"

我："他会吗？"

搭档："不知道，但是他知道该怎么做，因为我已经把钥匙交给他了。"

接下来的两天里，每天下午少年都如期而至，但是我们每天都这样沉默着坐足 3 个小时，谁也没说过一个字，搭档甚至还把手机关了。虽然我很想出去走走，但是我不希望错过任何一个看到转折的机会，于是这两天我只好都窝在房间里看书，哪儿也没去。

当我们在这个城市待到第六天的时候，转折出现了。

少年这次来了之后，只坐了不到 5 分钟就开口了："你结婚了吗？"他问的是我。

我摇摇头。

少年又转向搭档："你也没结婚吧？"

搭档点点头："没有。"

少年："你为什么没结婚呢？"

搭档："我为什么要结婚呢？"

很显然，少年被这个反问问愣了："嗯？嗯……对啊，为什么要结婚呢？嗯……我觉得……是……好吧，我们换个话题好了。你恋爱过吧？"

搭档："当然。"

少年："你曾经对你的恋爱对象做过什么过分的事情吗？"

搭档："过分的事情？指什么？"

少年："呃，就是不太合常理的那些……"

搭档："我还是不明白你指的是什么，但是从字面上说的话，应该没有过。"

少年："我做过。"

搭档："你是说你恋爱过？"

少年："其实不是，那时候我才 5 岁。我非常喜欢幼儿园的一个老师，每次见到她，我都会扑上去抱住她的腿。"

搭档忍住笑："但你并不明白那意味着什么，只是一种冲动行为，对吧？"

少年："对，非常原始的那种冲动。那个漂亮老师对我的表现没有什么特别的反应，每次她都会像撕下一块膏药那样非常耐心地把我从她腿上撕下来。"

搭档笑了起来："你抱得有那么紧？"

少年也在笑："非常紧。因为我很失望她没有任何惊喜的表现，所以有一次我决定做出一件让她夸奖我的事儿。"

搭档："你做了什么？"

少年拼命忍住喷笑坚持讲完："我把一大摊鼻涕蹭在了她的裙子上。"

搭档笑着问他："你为什么认为自己那样做会得到夸奖？"

少年："因为我曾经把鼻涕擦到我妈的一条手绢上，然后被我妈夸，而那天幼儿园老师裙子的花色跟手绢非常接近！"

我们三个都忍不住大笑了起来。

笑够了后，搭档问："后来那个老师再让你抱过她的大腿吗？"

少年："当然没有，不仅如此，从那之后，她每次见到我时，如果空间足够的话，都是以我为中心点，绕一个半径两米以上的圆。"

搭档笑着点点头："可以理解。"

少年："但我有那么几年并不明白为什么，我觉得我做得很好……"他笑着摇了摇头，"当然，后来我明白了。"

搭档："你弄懂男女那点儿事儿之后，恋爱过吗？"

少年："没有，我从 13 岁起就没怎么出过家门，搬家那两次不算。你想象不到当我爸妈从我嘴里听说我要来找你们的时候有多惊讶。提到你们，我妈甚至是带着一种虔诚的态度。"

搭档："听上去你似乎觉得很过瘾？"

少年："并不是，我只是觉得好笑。"

搭档："为什么？"

少年："我只是来见朋友，他们就……呃……我是说朋友吗？好吧，朋友。"

搭档微笑着点了点头。

少年："我现在明白了，交流的确是一件非常有趣的事儿。能有同等级但是不同模式的思维比我想的要好玩儿得多。"

搭档："还有呢？"

少年："嗯……你知道，我没太尝试过这种情况，说不大清楚，但是我觉得很满足。你会不会因此而得意扬扬？"

搭档："你从我的表情上看到了吗？"

少年耸耸肩："没有。"

搭档："所以我并没得意扬扬。"

少年："那你现在是什么感觉？"

搭档想了想："当我说出我的感受时，可能会让你有'这家伙在得意扬扬'的错觉，但是我确实没有。我仿佛是在同多年前的自己对话。"

少年："真的？"

搭档："当然，以你的观察力，我是骗不了你的。"

少年："嗯，就好像我在你面前没法撒谎一样，这也是我觉得你有趣的原因之一。"

搭档依旧微笑着点点头。

少年："那，你精通的是什么？我说过，我能记住我看过的大部分书，为什么我也不清楚。除此之外，我还能把那些看似不相干的东西联系在一起。你呢？"

搭档："我没有什么惊人的天赋。"

少年："不可能，如果是那样，我不会觉得你有趣的，你身上一定有点儿什么特殊的。别藏着，说吧。"

搭档歪着头想了一下："文字在我看来有很强的场景感，哪怕是一段枯燥的理论或者数学公式。"

少年："Cool！还有吗？"

搭档："我也能记住不少内容，不过我不是像你那样记住全部文字，我所记住的是文字在我脑海中形成的场景，也许是很抽象的图案。"

少年："有意思，回头我也试试能不能这样……好像这样更有效率，对吧？我指编码。"

搭档："是的，这样不需要记住很复杂的东西，用元素化的形式把信息组成编码就可以了。"

少年："而且那些编码是基础元素，不会干扰到信息本身，同时还能拆分……嗯，真的是非常有效率的方式！你是怎么发现的？"

搭档："我也不清楚，甚至忘了从什么时候起就那么做了。"

少年若有所思地点点头："这个我可以借鉴……对了，假如你们想抽烟，不用忍着，我无所谓的。"

搭档看着他："不，现在不想。"

少年略微停顿了一下："呃……我又想不起该说什么了……我能问一些事情吗？"

搭档："例如？"

少年："你做这行是因为兴趣还是你觉得自己有问题？"

搭档："后者。"

少年："没有安全感？"

搭档："对，你怎么知道的？"

少年："你从不会背对着窗户或者门坐，这应该是心理问题所遗留下来的行为痕迹吧？"

搭档点点头："你说对了。"

少年："我倒是不在乎这个。"

搭档："你在乎的是人。"

少年："我们是在交换秘密吗？"

搭档："不，不需要等价交换，这不是炼金术。"

少年咧下嘴点点头："好吧，我承认，我更在乎人。"

搭档："你的父母并不知道你对他们的不满吧？"

少年愣了一下："你……是通过什么发现的……"

搭档："因为，你肯定清楚父母对你目前的状态很着急，可你从未对你自己的行为有过一丝歉意，甚至你会因为把他们耍得团团转而很开心。"

少年的脸色变得阴郁起来："我……"

搭档："他们曾经为你骄傲，对吗？"

少年点点头。

搭档："你的老师也是这样，对吧？"

少年："对……"

搭档："你更喜欢你的小学老师？"

少年："是的。"

搭档："因为他们从不逼迫你什么？"

少年："嗯。"

搭档："你想过为什么吗？"

少年："我……没想过。"

搭档："你的小学老师拿你当个孩子，即使你所表现出的再令他们惊讶，他们也会认为你是个孩子。"

少年点点头。

搭档："但这一切到了中学就变了。虽然你在那些老师当中很受宠，但是他们对你的态度不再像小学老师那样了，他们甚至会要求你去承受一些成年人才会面临的压力。是这样吧？"

少年："嗯……从读中学起，我几乎一直在参加各种各样的竞赛，有一些无聊透了。那些老师，还有校长根本不来问我是不是感兴趣，他们只是和我爸妈谈，然后就做决定。"

搭档："你抗议过吗？"

少年："有过。"

搭档："结果呢？"

少年："爸妈告诉我这是整个学校对我的厚爱、期许，同时也是为学校争光的机会，他们会为我骄傲。"

搭档恰到好处地保持沉默，并等待着。

少年："在那一年多的时间里，我都记不清自己背了多少无聊的垃圾，解了多少故弄玄虚的数学题，写了多少假话连篇的作文。我实在编不下去了，凭借着记忆四处抄袭、拼凑，但是每个人都夸我写得好，那些白痴同学还表示自己有多羡慕。也就是从那时候起，他们都开始疏远我，放学之后，我从来都是一个人留在老师的办公室，全体老师都像是围观珍稀动物那样对我。就算是我喜欢吃巧克力，他们也会一窝蜂地去买我吃的那个牌子，就好像吃了那东西智商会瞬间提高一样……都是一群蠢货。

"接下来，他们对我提出了更多的要求，不让我看书，不让我做自己喜欢的事情，可是他们却要求我给他们更耳目一新的东西，这怎么可能呢！我没有朋友、没有娱乐、没有游戏机，不会打篮球、不懂足球规则，不知道什么是网络游戏！在所有人眼里，我只是个过目不忘的机器，我……"他哽咽着停了一会儿，"我甚至有一次当着全班同学的面举着一条不知道谁塞进我课桌的卫生巾，问'这是什么'！看着他们大笑，我恨不得把他们全杀了！而当我把这一切告诉老师的时候，他们居然也开始笑，等笑够了告诉我，我只需要好好学习就行了，别的我不用担心，我有着不可估量的前途，我是天才！然后他们要我继续看那些该死的参考书、做该死的卷子。同时还要求我要有创造性的解答！可是，我觉得那段时间我活得像个实验动物，但没人同情过我，没人安慰过我，甚至没人真的在乎过我，没人！没他妈一个人！"

搭档走到他面前蹲下，注视着他："这不是你的问题，这一切不是你的问题……"

少年抬起头抽泣着："我宁愿我是个白痴！"

搭档轻轻拍着他的后背："相信我，真的不是你的错。"

少年拼命克制着不让自己的情绪爆发："我该怎么做？我真的不想当他妈的什么天才，我怎么才能不要这种能力？"

搭档："我知道的，我都明白了，这一切都不是你的错。"

虽然少年咬着嘴唇努力忍耐着，但是我能看到眼泪在他的眼眶里越聚越多。

搭档凝视着他的眼睛："你没有任何错，而你只是个孩子。"

少年再也忍不住了，俯在搭档肩膀上声嘶力竭地号啕大哭："他们剪掉我的翅膀！却又要我飞翔！"

他哭得撕心裂肺，放肆而任性。

这是我们都期待已久的——那个孩子回来了。

第七天。

少年笑着对搭档说："我妈抱着我哭了大半夜。"

搭档也笑了："没睡好？"

少年："嗯，我们全家一夜都没睡好。"

搭档："你怎么知道的？"

少年："我听着爸妈在他们卧室聊到天亮。"

搭档："你没提醒他们今天付费的时候不要看合约，要多给？"

少年大笑："不，我不会跟他们说这些。"笑够了后，他停下看着搭档，"等我有经济能力的时候，会付给你。"

搭档笑着摇了摇头："我是开玩笑的。"

少年："呃……我也是……"

搭档：……

少年看了一眼我们收拾的几件行李："嗯……你们今天晚上走还是明天走？"

搭档："等下午送你回去，收了钱就走。"

少年："心疼房间费？"

搭档："不，趁着事情还没急转直下，赶紧拿钱跑。"

少年忍不住又笑了："你真是我见过的对金钱最不掩饰的人了。"

搭档："我奉行'有付出就得有回报'的原则。"

少年："我很棘手吗？"

搭档想了想："但是值得。"

少年："留下来吃晚饭吧？我爸妈一定会坚持的。"

搭档："明天还有别的事情要做，所以一会儿你要替我们说话。"

少年："嗯，好吧，我知道了……还有，那个……"

搭档："怎么？"

少年："假期的时候，我能去看你们吗？"

搭档："你最好征得他们同意。"

少年："嗯，我会的……谢谢你。"

搭档点点头："我接受，不过我要提醒你：如果没有催眠师临时教给我一些深入引导的技巧，恐怕再多一周也不会有什么结果。"

少年转向我："也谢谢你。"

我点点头做了个回应。

少年："其实你不知道吧？开始我一直以为你是幕后策划人，而他只是喉舌。"

我微笑着望了一眼搭档。

少年："有机会的话，我想试试催眠。"

我："恐怕很难。"

少年："真的吗？为什么？"说着他转向搭档。

搭档："因为你很可能会笑场。"

少年想了想："有这个可能……那我不坚持了，有机会你会教我心理学吗？"

搭档："我可以教你打游戏。"

少年："你会？"

搭档："当然！"

少年露出个轻松的笑容："OK，那我们可就算说好了。"

车开上高速路后，搭档长长地出了一口气。

我："干吗如释重负一样？"

搭档："说不好是什么感觉，描述不出来。"

我："你说过他和曾经的你很像。"

搭档："大体上吧。"

我："你曾经也装神弄鬼过？"

搭档扶着方向盘笑了笑，没吭声儿。

我："当年你都做了些什么？"

他的表情有些严肃："我面临的问题更严重。"

我："例如说？"

搭档叹了口气："我像他这么大的时候，喜欢上一个女孩。"

我："早恋？"

搭档："是的。"

我："结果呢？"

搭档皱了皱眉："没有什么结果。"

我："我指的是成年之后。"

他摇摇头。

我："我以为按照你的性格，你会坚持自己的选择……"

搭档："有些原因是不能抗拒的。"

我："你指和那个女孩分手？"

搭档："对。"

我："是来自双方家长的压力？"

搭档："比这个还严重。"

我：“你不会是把人家给……”

搭档：“当然不是！”

我：“那是什么原因？”

搭档：“因为其实我们俩是失散多年的兄妹！”

我愣了一下，转头看着他，却发现他笑得几乎扶不稳方向盘。

我骂了句脏话。

笑够了后，搭档问我：“你要听我真正的初恋吗？”

我点上烟看着窗外，头也不转地“回敬”了一个字：“滚！”

九

见证者

"醒过来之后，我发现自己被捆在一把椅子上，嘴里不知道被塞着什么东西。我花了好一阵儿才看清自己在什么地方——地面是灰色的水泥，更远的地方还有方方正正的水泥柱子，似乎这是某个还没装修过的写字楼楼层？我看不到身后。在我前方五六米远是一排高大的落地窗，窗前站着一个人，我只能看到背影。看上去应该是个女人的背影，当时她正站在窗前看着外面。

　　"我试着挣扎了几下，因为捆得很牢，所以我根本不能动。那个女人虽然没回头，但已经发觉到我醒了。她侧过脸，似乎在用眼角的余光打量着我。逆光使我根本看不清她的脸，不过那个侧面看上去很……很漂亮。

　　"'别害怕，我不会伤害你的。'她说。'你知道吗？这个世界，是假的。眼前的这一切，这些熙熙攘攘的人群、这些忙碌的身影，其实都不存在，他们都是假的。只是，他们并没意识到这点而已。当然，你在我说完之前和他们是一样的，但当我说完之后，你和那些人就不一样了。那时候，你自然会明白我为什么这么说，也会明白我为什么要这么做。今天我所告诉你的，对你来说很重要。它将影响到你的一生。'"

某天上午，一个留着平头的男人来到诊所，说需要我的帮助。

我认识这个人，他是警察。我们送那个为了逃避罪责而出家的杀人犯投案时，就是他接待的我们，并且做了笔录。他今天来是因为有个比较棘手的案子需要帮助——准确地说，是需要我的帮助。一个年轻女人从十几层的楼上掉下来摔死了，而警察在女人破窗而出的那层发现了一个被绑在椅子上的男人。据说当时那个男人精神恍惚，情绪也很不稳定。更重要的是：他只记得案发几小时前自己见到过那个坠楼而死的年轻女人，其他什么也不记得了。在经过精神鉴定后，这个现场目击者兼重要嫌疑人有逆向思维空白症状，也就是说，他失忆了。

警察："催眠可以找回他失忆的那部分吗？虽然没有证据说明是他杀的，可是也没法排除他的重大嫌疑。"

我："这个我不能肯定。在见到他本人之前，我什么都不清楚，我得确认。"

警察："那，你愿意接这单吗？我们想知道，在那个女人死前，到底发生了什么。"

我想了想："这不是我一个人说了算，我搭档出差了，我需要打个电话商量下。稍晚些我告诉你，还是明天告诉你？"

警察："方便的话，现在就打吧。我可以等。"

于是，我打通了搭档的电话，把大体情况跟他描述了一下。

"真可惜我不在，记得把资料都备份，我回来看。"听上去，电话那头的搭档似乎对这件事儿很感兴趣。

"你的意思是我自己来接这个？"我在征询他的意见。

搭档："对啊，反正只需要催眠，也没我什么事儿。别忘了备份，我想知道结果。"

我："好吧。"

"嗯，有什么问题联系我。"然后，他挂断了电话。

我放下听筒，转过头对警察点点头。

"我并不明白那个女人为什么要这么说，我只是觉得很害怕，有那么一阵儿，我甚至想不起来发生了什么，为什么会在这里。当时给我的感觉就像是拼图一样，我花了好久才从七零八落的记忆碎片中找出了线索。那些线索越来越清晰，慢慢组成了完整的画面——我想起是怎么回事儿了——我是指在我昏过去之前所发生的事情。这时，那个女人慢慢转过身望向我这边，但是我依旧看不清她的样子，逆光让我什么都看不清，而且我的头还很疼。

"'很抱歉我用了强迫性手段让你坐在这里听我说这些，但是我只能这么做。因为之前我尝试过劝一些人来听，并且请他们做见证人，遗憾的是，我找来的男人大多会说一些连他们自己都不会相信的废话。例如：生活很美好啊，你怎么能有这种想法呢？你是不是失恋了？你的工作压力很大吗？你有孩子、有父母吗？你想过他们的感受吗？你要不要尝试下新的生活？你现在缺钱吗？是不是生活中遇到了什么困境？你尝试一下感情吧！我们交往好不好？这些都是男人的说法。而女人则表达得更简单直接：你是神经病吧？或者尖叫着逃走。所以，在经过反复尝试和失败后，我决定用强迫性的方法来迫使一个人坐在你现在坐的位置上，耐心地听我说清一切。'说完，那个女人耸耸肩。

"这时候我更害怕了，我不知道她要做什么，因为我已经彻底想起了之前发生了什么事。"

第二天，几个警方的人带着那个失忆的男人来了，我快速观察了一下他。

他看上去二十六七岁的样子，身高、长相都很普通，看不出有什么特别的，也没有撒谎者的那种伪装出的镇定或者伪装出的焦虑。初步判断，我认为他是真的失忆了，因为他略显惊恐不安的眼神里还带着一丝困惑和希望——他很希望自己的那段空白的记忆能被找回来——假如没有受过专业表演训练的话，这种复杂的情绪是很难装出来的，非常非常难。

稍微进行了一些安抚暗示后，我就开始了例行的询问。在这之前，我反复嘱咐警方的人：绝对不要打断我和失忆者的对话，不可以抽烟，不可以发出声音，不可以走来走去，不可以聊天——我不管他现在是不是嫌犯，既然你们让我找回他的记忆，那么就得听我的。

警方的人互相看了看，纷纷点头表示同意。

我想，我可以开始了。

我："你能记起来的有多少？我是说那段空白之前。"

失忆者："呃……只有一点儿……"

我："好，那说说看你都记得什么。"

失忆者："那天中午我一直在忙着工作的事儿，到下午才跑出去吃午饭。因为早就过了午饭时间，所以我一个人去的，平时都是和同事一起。吃过饭回公司的路上，在一栋刚刚施工完，还没进行内部装修的写字楼拐角旁，有个女人被什么东西绊了一下，差点儿摔倒，她手里的一大摞文件散落得到处都是。"

我："你去帮忙了？"

失忆者："是的，呃……看上去她身材似乎很好，所以我从很远就注意到她了……我跑过去帮她收那些散落在地上的文件时发现，那些纸都是空白的，什么都没有。然后就不记得发生什么了。"

我："当时你是蹲在地上的吗？"

失忆者："对。"

我："在那之后就没一点儿印象了？"

失忆者皱着眉："可能有一点点，但是说起来有点儿怪。"

我："为什么？"

失忆者："就像是……就像是溺水那种感觉。"

我："你指窒息感？"

失忆者："嗯，就像在水里挣扎着似的——你不知道下一口吸到的是气还是水……"

"那个女人从窗边走了过来，我逐渐能看清她的脸了。对，就是她，我记起来了。她非常漂亮，而且笑起来的样子很好看，但是当时我怕到不行，因为我想起了当我帮她捡起散落在地上的纸时，她做了什么：她从兜里掏出了一个喷雾罐子，就在我抬头的瞬间，她把什么东西喷到了我的脸上，接下来我就失去了意识。而醒来时，我就被捆在这里了。

"'我说过我不会伤害你的，对于这点你也许有些怀疑，但是假如你想想看就能知道，我除了把你捆在这里，再也没有别的打算了。否则的话，我不会等到你醒来再跟你说这些，因为在你昏迷时，我有足够的时间伤害你，或者把你杀掉，对吗？所以，平静下来听我说吧。'那个女人蹲在我的面前，语气就像是在说服一个不听话的孩子，表情也是。

"当时我的选择只有点头或者摇头，除此之外什么也做不了，所以我选择点头——我怕假如不这么做，会激怒她。

"'很好。'她真的像是对待孩子一样，摸了摸我的头发，然后站起身，俯视着我，'还记得在你刚醒来时我跟你说过的吗？我说，这个世界，你所看到的一切，都是假的。'

"我继续点头。

"'也许在你看来，这个世界有着诸多未知，你不知道明天会发生什么，不知道一小时后会发生什么，甚至无法猜测到一分钟之后会发生什么。你不知道楼下那些人都在想什么，不知道我在想什么，你唯一能知道的是自己当下在想什么。但是，你不知道自己一个小时后会想些什么。这听上去让人很恼火，对吗？我们几乎什么都无法控制，什么都不在我们的意料之中，什么都没有把握，我们看上去就像是在迷雾中摸索着前行一样，下一秒都是未知。'她站起身走到不远处一根粗大的方水泥柱旁，并靠在上面，丝毫不在乎衣服被弄脏。'但是，这一切都是错的，我们并非生活在未知中，这一切都是早就设定好的，早就被深埋了起来，早就有了方向和决定。遗憾的是，大多数人都不相信这点。'"

"那么，"我看着失忆者的眼睛，"对于后面发生的事，你还能想起些什么来？"

失忆者："没有了，我这几天想到头疼，但是什么都没有，一片空白。"

我点点头："嗯，那就说一下你还记得的吧。"

失忆者："我……我记得的时候，就被捆在一把椅子上，两只手的拇指被什么东西勒得很紧。"说着，他抬起双手给我看——两个大拇指现在的颜色还偏青，"手腕上还缠了好多胶带——我能感觉到，因为它们弄得我的皮肤很不舒服。把我整个捆在椅子上的也是胶带，捆得非常牢，我根本没办法动一点儿。后来警察来的时候，也花了好久才把我解开。"

我："你一直是被堵着嘴的吗？"

失忆者："呃……对，是……我自己的袜子。"

我："是警察把你叫醒的吗？"

失忆者："我说不清，好像我被捆在椅子上的时候睡着或者昏过去了，到底发生了什么，我没有一点儿印象。"

我："当时你感到害怕吗？"

失忆者："不是害怕……说不明白是什么感觉……原来看小说和电影的时候觉得失忆是个很有意思的事情，等真的发生在自己身上……"说到这儿，他苦笑了一下，"……这并不好玩儿。"

我："是的，失忆并没有趣。醒来之后，你还记得别的什么吗？"

失忆者："我面对着一排落地窗，就是写字楼那种很大的窗，离我大约……嗯……五六米远吧。正对着我的那扇窗的玻璃被什么东西砸开了，一地的小碎块儿……"他指的是现场钢化玻璃碎片，我从警方那里看过照片。

我："你知道为什么会那样吗？"

失忆者："开始不知道，后来听救我的警察说，那个女人……掉下去死了。"

我："是她把你捆在椅子上的吗？"

失忆者："好像……是吧？这个我不知道。"

我："但你为什么说好像是呢？"

失忆者："因为在那段记忆空白之前，我见到的最后一个人是她，所以我就觉得应该和她有关系……但我没法确定，只是那么觉得。"

我瞟了一眼警方的人后，点了点头。我相信眼前这位失忆者没撒谎，自动关联性思维让他有这种认知再正常不过了。

我："还有吗？我指感觉，当时你还有什么感觉吗？"

失忆者："后面的可能你都清楚了。警察解开我之后，不知道是怎么了，我吐得到处都是，而且浑身无力，腿软到不能站起来，是被医护人员放在车上推出去的。"

我点了下头："嗯……好吧，大体上我知道。你先稍微休息一会儿，我们分析一下要不要催眠。"

"'我们的一生，从胚胎完全成型之前，从第一个细胞开始分裂的时候，就已经决定了。那个瞬间，决定了我们是男人还是女人，个头很高还是很矮，长得很丑还是很美，眼睛的颜色，头发的颜色，手指的长度，智商的高低，有没有心脏病，将来会做些什么……总之，那个瞬间决定了我们的一切，我们的所有事情都已经成为定数了，能翻盘的概率很小很小，除非是很极端的外部环境——例如发育期严重的营养不良会让我们长不了原定那么高。要是没有极端环境的话，就不会改变早就决定好的那一切。'那个女人从兜里掏出一盒烟，抽出一根点上，'对于我说的这些，你肯定不会相信，认为我只是个胡说八道的疯女人，或者是个推销宿命论的精神病人，对吧？但是，我很好，我也很正常，我刚刚所说的也没有一点儿错误。只是很多人并不知道这个事实罢了。当然，我有足够的证据。你要听吗？'她用夹着香烟的两根手指指着我。

　　"除了点头，我什么也做不了。

　　"'恐怕你现在没别的选择。不过，我保证会用最通俗的词汇，让你能听得懂。'她笑着重新回到我面前，摸了摸我的头发，然后坐在不远处一个破旧的木头箱子上，'你知道DNA吗？你一定听说过的。那基因呢？你一定也听说过喽？但是我猜你并不明白这两者是什么关系，对不对？让我来告诉你吧，DNA指的就是那个双螺旋，而基因包含在DNA中。这回明白了？嗯，我要说的就是基因。也许你听说过一个说法，就是说，基因操纵着我们的一切。那个说法是对的，但是用词有些不精准。实际上，从那个小小的胚胎成型后，基因就不再有任何活动，它不可能，也不需要操纵我们，因为我们的行为早就被基因决定了下来。你的举手投足都已经是定数。你注定会长大，并且长成基因要你长的样子；你注定会做出各种选择，那是基因要你做出的选择。你也许会很奇怪——不是说基因是不活动的吗？是的，它们从你成型起就不再活动了，但在你还是一个小胚胎的时候，你的一切都被基因编好了程序，你只会按照设定的模式活着，不会违背它为你设定的行为准则和思维模式。听懂了吧？我们，被牢牢地困在了一个笼子里，哪儿也去不了。我们是听话的提线木偶，没有那些牵线，我们就什么都不是。'

"也许是因为嘴被堵住，也许因为她喷向我的那些不明液体的作用，也许是捆得太牢血液流动不畅，我的头昏昏的，但是她说的每一个字我都听进去了，并且听懂了，不知道为什么，我觉得这一切很可怕。

"她扔掉手里的香烟，看了我一会儿：'假如我没堵着你的嘴，这时候你一定会跳起来反驳我。真的是那样也算正常，因为，我所说的刺痛你了。'"

"通过催眠能让他想起那段空白的记忆吧？"警察问我。

我："不见得。"

警方："可是电影里……"

我摇摇头："别信电影里那种催眠万能的说法，那都是瞎说的。他目前的情况是受到某种刺激后自发性地阻断记忆，很棘手，所以我什么都不能保证。"

警方："那你能有多大把握？"

我："不知道，在催眠之前，我没法给你任何保证。因为他的情况是潜意识对这段记忆产生了排斥，而催眠所面对的就是潜意识——也就是说，他并不是真的忘了，而是排斥那段记忆才产生记忆空白的。"

警方："我听说过一个说法，不存在真正的失忆。"

我点点头："对，的确是这样。你看，他还记得自己的名字，记得自己是做什么的，记得之前，记得之后。正因如此，我才会说他是潜意识排斥所造成的刻意失忆。说白了，就是选择性的。"

警方："那就是说他是成心的了？"

我："不。"

警方："你刚才说是选择性的……"

我："我指的不是他意识的选择，而是他潜意识的选择——潜意识是无法被自己操纵的，否则也不会被称为潜意识了。"

警方："哦，我懂了，就是他自己也没办法决定的，对吧？"

我："就是这样。所以我想再问你们，需要催眠吗？我没有把握能找回他的记忆。"

警方："嗯……试试看吧。因为目前来说没更好的办法了。"

我："OK。"

准备好摄像机和相对偏暗的环境后，我对失忆者做了催眠前的最后安抚暗示。这让我用去了很长时间，因为他的紧张情绪让他很难放松下来。我认为那是他的潜意识对于唤醒记忆的一种间接排斥方式。

不过，虽然耽误了一会儿，但我还是做到了。

看着他逐渐交出意识主导权后，我松了口气，开始问询引导。

我："你在什么地方？"

失忆者："……我被捆在一张椅子上……"

我："是谁把你捆在那里的？"

失忆者："是……一个女人……"

我："你看得到她吗？"

失忆者："是的，她就站在……落地窗前……"

我："死了的那个女人？"

失忆者："是的。"

"'你从小到大听说过无数个描述，描述人类的伟大之处——我们的出现，改变了这个世界，我们削平高山，制造出河流，堆砌出高大的建筑，创造出辉煌的文明。如果我们愿意，我们可以彻底消灭掉一个物种；如果我们愿意，我们也能挽救某个即将被自然淘汰掉的生灵。我们位于食物链的顶点，藐视着其他生物，我们可以不因为饥饿只是因为贪婪而去杀戮，我们还可以带着一副慈悲的表情赦免掉某个动物的死刑。我们几乎是这个星球的神，我们创造出的东西甚至远远超出了我们的需要。这就是你所知道的，对吧？我们是多么了不起啊！但也正因如此，我之前所说的才会刺痛你。这么一个伟大的物种，居然一切行为都是被操纵的？而且还是被那些渺小的、卑微的小东西？这让人很恼火，对不对？难道说我们只是一台机器？只会执行固定的程序？难道说我们所创造出的并因此而自豪的一切只是我们的基因忠实的执行者而已？你会对此沮丧吗？或者愤怒？或者悲哀？你会吗？'她站起身走到窗前，抱着双肩，似乎在俯视着窗外。

"我很想叹一口气，但是我做不到，因为我的嘴被结结实实堵上了。

"她过了好一会儿才转回头看着我：'但基因，只是如同计算机编码一样的东西而已——它们只是工具，真正创造出编码的才是操纵者。以我们的智慧，是无法想象出那个真正的操纵者会是一种怎样的存在，它远远超出了我们思维的界限。'她长长地叹了一口气，'真正可悲的是，我们宁愿相信没有那么一个存在，但是我们又无法违背心里的渴求——模仿它。你会对这句话感到费解吗？我想你会，因为这证明你还清醒。想想看吧，我们用计算机编程这种最直接的方式来模仿操纵者的行为——用简单至极的0和1，创造出复杂的系统，甚至还有应变能力。当然，只是在某种程度上的应变，在我们划定的范围内。除此之外，我们还有间接的方式来企图破解出什么。例如，占星？算命？颅相、手相、面相？风水八字？你对那些不屑一顾吗？我不那么看，我倒宁愿相信那些都是统计学而已——企图在庞杂且无序的数据中找出规律。他们当中有些人的确做得不错并因此而成为某个领域的大师。但是，假如你能认识他们，并且和他们聊聊，你就会发现，他们将无一例外地告诉你：'我只是掌握了很少很少的一点。'而且，你还会发现，其实他们比我更悲观，因为他们的认知已经超越了自己的身份——人类。跳出自己看自己是一件多可怕的事，你认为有多少人能接受？接受我们被囚困在无形的笼子里，一举一动、一言一行都是被规划好的，严格地按照程序在执行。创造力？想象力？当你不用人类的眼光来看时，会发现那些只是可笑、可怜、可悲的同义词罢了。'"

　　我："你记得当时发生了什么吗？"
　　失忆者："记……记得……"

我：“当时还有第三个人在吗？”

失忆者：“没有……我不知道……”

我：“到底是有，还是没有？”

失忆者：“我……看不到身后……”

我：“那你感觉到身后有人吗？”

失忆者：“感觉……不到……感觉不到有人……”

我：“也就是说，你能看到的，只有她一个人，对吗？”

失忆者：“是的。”

我：“那么，告诉我当时她在做什么？”

失忆者：“她……她说了好多……”

我：“你还记得是什么内容吗？”

失忆者：“我不知道……我不想……我……”他的状态有些不稳定。

我决定兜个圈子问：“当时你的嘴被堵上了，是吗？”

失忆者：“是的……”

我：“你只能听，但是不能说，对吗？”

失忆者：“对……”

我：“一直都是她在说，对吗？”

失忆者：“对，是她在说……”

我：“她说了好多话，而你只是在听？那么，你能听到吗？”

失忆者：“我……听到了，听到了……”

我：“听到些什么？”

失忆者皱了皱眉，身体略微有些痉挛，但是并不严重：“她……她说，这一切，都是假的……我们无法改变什么，我们……只是傀儡，我们的一生都被困在……笼子里……"

我："你听清了她所说的每一句话，并且越来越清晰，所以你要慢慢告诉我，她说什么都是假的？"

失忆者的身体反应有些紧张，并急促地吸了一口气："整个世界……都是假的……无法改变……"

我："她说我们无法改变，是指什么？"

失忆者："我们……无法改变……任何事情……我们只是被一只无形的……无形的手操纵着……傀儡……"

我："非常好，那些细节现在都在你的眼前，你不需要承担什么，你只需要把眼前的一切都告诉我就可以了，你会因此而解脱。你听到了吗？"

失忆者："是的……我不需要承担什么……我会……因此而解脱……"

我："很好，现在慢慢把当时的情况描述给我，并且告诉我她是怎么对你说的。你能做到吗？"

失忆者："我……能做到……"

我："那么，当时到底是什么情况？她说了些什么？"

这时，失忆者突然镇定了下来："她说，这个世界只是假象。"

"'所以我说，这个世界只是一个假象，而我们就生活在这种假象中。我们并没有进行任何真正的创造，所以我们也没有过任何突破，我们和执行程序的电脑一模一样，就好像电脑不会明白自己正在执行程序那样。'她走到我的面前，蹲下身，'唯一不同的是，我们非常坚定地相信人类就

是这个世界的主宰者。'她静静地望着我,'因为很少有人能明白真相。'

"我能看到她眼里所透露出的要比我更惊恐,并且还有绝望。或者那不是绝望,而是别的什么……我说不清那到底是什么,我只是知道她眼神里似乎有什么东西就快要熄灭了。我很害怕,虽然我之前也很害怕,但是这不一样,我从没见过有人会有这种眼神。因此,就算是被牢牢地捆在椅子上,我还是忍不住浑身发抖。

"'我要说的都说完了,这就是我把你捆在这里的目的之一。'她又点燃一根烟,重新回到窗边看着窗外,她的声音听上去似乎……是在哭,'当然了,你也许有自己的想法,或者你早就想好了一大堆反驳我的言论,但是对我来说那都不重要,因为我不可能听到了。至于你,会有人来救你的,不过还要稍等一会儿,等你为我见证之后。你知道自己将见证什么吗?'

"这次我并没有摇头或者点头,因为这时我觉得似乎有什么东西压在我的胸前让我喘不过气来。我很想张开嘴深呼吸,但我只能尽可能地用鼻子深深地吸气,可是这么做反而让窒息感更强烈。

"'不用怕,我说过我不会伤害你的,我要你见证的是我的死亡。你是不是觉得我真的病了或者疯了?而且还是病得不轻,疯得很厉害的那种?不,我非常清醒,否则我不会处心积虑地花这么久的时间来布置这一切。哦,对了,说到这个我差点儿忘了,就在这里的某个地方藏着一架袖珍摄像机,它非常小,这样你就不会被当作嫌疑人了。我说过,我不会伤害你的,不过,猜猜看,它在哪儿?'

"我很想扭动头去找那个摄像机,但是不知道为什么,我的眼泪却不停地涌了出来，我说不清是害怕还是别的什么，突然间我感到很绝望。

　　"她扔了手里的烟，走过来擦掉我的眼泪：'看着我解脱，对你来说意义深刻。10分钟后我就彻底自由了，我受不了这个笼子，我不想再按照程序假装自己还活着。'她掏出一个什么东西，走到落地窗边，用力在玻璃上划着，我不知道她在做什么，但我能听到刺耳的声音。

　　"玻璃上被划出很多白色的印迹，阳光照在上面，那些白色印迹透射出一些多彩的光线。她扔了手里那个划玻璃的东西，从地上拾起一把很大的铁锤。砸了几下之后，落地窗的玻璃'砰'一声爆碎了，地上到处都是玻璃碎渣。

　　"风刮了进来，但是我依旧喘不上气来，我觉得自己快被憋死了。

　　"她双手插在裤兜里，背对着窗口站在窗边看着我。我看不到她的表情，逆光让我只能看到她的身影，除此之外我什么也看不清。

　　"我拼命挣扎着，不知道自己到底是因为想挣脱而挣扎，还是想让她停止才挣扎。我的胸腔里好像有什么东西开始沸腾起来，我想吐，但是由于嘴被堵住了，我只能拼命压制住那种胃被扭曲、挤压带来的疼痛。突然间，我的四肢没有了一点儿力气。

　　"她慢慢向后退了半步：'也许你的程序会因此而改变，也许用不了多久，你就会什么都不记得，但是那无所谓了，因为你见证了我的解脱。'说完，她抬起头想了想，然后整个人后仰了下去，消失在窗口。"

　　搭档合上文件夹，把头靠在沙发背上，似乎在想着什么。

我："看完了？"

他点点头。

我："你没有任何问题？"

搭档想了想："摄像机找到了吗？"

我："找到了，被固定在房顶的管道上，很难被发现。"

搭档："嗯。"

我："也就是说，他说的都是真的。"

搭档："有录音吗？"

我："没有，那种很小的摄像机不具备这个功能。"

搭档："那个女人当场死亡了吧？"

我："当然，从 13 层跳下来，存活概率可以忽略不计了。"

搭档深吸了口气，似乎想说点儿什么，但是又忍住了。

我："怎么？还有问题？"

他摇摇头。

我："那个女人，可能精神不大正常。"

搭档："但是她说的都对。"

我："我知道……"

搭档："我觉得她不是不正常，而是过于清醒了。"

我："我知道。"

搭档站起身走到窗边，双手插在裤兜里俯视着外面："是的，我们什么都知道。"

十

黑暗中的
隐藏者

循着声音，我推开书房门，看到搭档正俯在书桌上往笔记本上写着什么，坐在他面前、背对我的是个留着黑色长发的女人。

　　听到我进来，搭档头也不抬地说："回来了，这位就是催眠师。"很显然，他不是对我说的。

　　女人转过头。

　　她看上去岁数不大，是个二十五六岁的女孩，偏瘦，有点儿弱不禁风的样子，一身黑色装束，她的脸色看上去有些苍白。

　　女孩对我点了点头。

　　我把手里的东西放在一边，也点了下头回应，然后就在靠门边的小沙发上坐下："你们继续。"

　　搭档"嗯"了一声，又在本子上记下些什么，抬起头看着黑衣女孩："好，你接着说。"

　　她："嗯，刚才说到是四五年前开始的……"

搭档："就是说，应该在你 20 岁之后？"

她点了点头："对。有一次我搭配了一身黑色衣服，在照镜子的时候，发现自己从来没有感觉那么好过。所以，从那之后，我就只穿黑色的衣服了。"

搭档："呃……包括饰品和内衣吗？"

她："包括。"

搭档："听你未婚夫说，你家的床上用品和日常生活用品，全都是黑色？"

她："对，都是。我忍不住去买所有黑色的服装和生活用品，我当初差点儿把房间漆成黑色……"

搭档皱了皱眉："厨房电器呢？有黑色的冰箱和洗衣机？"

她："冰箱有黑色的，洗衣机我定做了黑色的罩布。"

搭档："你未婚夫反对过吗？"

她："现在差不多也习惯了，有时候会说一两句。"

搭档："你室内的光源呢？很少还是很暗？"

她："你是说灯吗？我们家灯不多，但不算暗，必需的亮度还是有的。不过我一个人在家不喜欢开很多，最多只开一盏小灯。"

搭档："最多只开一盏小灯？你是说，还有不开灯的情况？"

她："嗯……是……不需要做什么事情的时候，就什么灯都不开……"

搭档："晚上？"

她："嗯。"

搭档："经常那样吗？"

她似乎在想："差不多……吧……"

搭档："你父母只有你一个孩子吗？"

她："嗯。"

搭档："他们偏好黑色吗？"

她："不。"

搭档："据你所知，你的亲戚当中有人有这种嗜好吗？"

她歪着头想了想："好像没有。"

搭档："如果可能的话，你会不会把自己使用的全部物品都换成黑色的？"

她："嗯……基本都换了……办公桌已经被我罩上黑色的桌布了……"

搭档："公司允许吗？"

她："这个……还好，因为我们是艺术设计类的公司，所以不怎么干涉每个人的工位风格，只要别太出格就没关系。"

搭档看着手里的记事本："目前来看，你并不限于喜欢黑色，还喜欢黑暗，对吧？你刚才也说过，你在家有时候甚至不开灯。"

她略微停顿了一下："对，那样我会觉得很舒服。"

搭档："有更具体的感受吗？"

她："具体的……我只是觉得在黑暗中很自在，只有在黑暗中我才能彻底伸展自己的身体。"

搭档："伸展身体？怎么个伸展法？"

她："不是真的伸展，只是形容，就是……只有在黑暗中我才会有舒展开身体的感觉，平时都是很不自在的感觉。"

搭档："在明亮的地方会感到不舒服？"

她："对，所以我尽量缩短待在有光地方的时间。"

搭档："对明亮的环境，你排斥到什么程度？逃离？"

她："对，差不多是那样子。"

搭档："具体的呢？我是指在明亮环境下是什么感受？"

她："我也说不好……就是不自在，没有安全感……大概……"

搭档："听你未婚夫说，你曾经打算把自己的肤色弄成偏黑的颜色？"

她："嗯……有过。去年有那么一阵儿，我问过很多整形医生，问他们有没有办法把肤色弄得偏黑一点儿，他们说可以，但是不赞同我那么做，因为再想转白比较难，而且对身体不好。我本身身体就比较弱，所以我没再去找过……不过……"

搭档："不过什么？"

她："不过我还是想……"

搭档："把肤色变黑？"

她："嗯。"

搭档停下笔，抬头看着她，脸上带着困惑的表情，这很少见："基本所有女人都希望能让自己的皮肤更白皙，你正相反……"

她："我也知道这样不是很正常，但是我就是喜欢黑色，喜欢黑暗的环境。后来自己也觉得有点儿不对劲儿。是……因为……嗯……前一段时间，有些时候，我会在半夜突然醒过来，我发现……发现……"

搭档："什么？"

看得出她在犹豫："如果没有这件事，我不会答应男朋友来找你们的，之前虽然在别人看来我也许不是很正常，可是我自己认为很好。直到这件事……有时候想想我会觉得可能有什么不对劲儿的地方，所以，我才答应来这里……我要说的这件事你能不告诉我男朋友吗？"

搭档："没问题，你可以放心。"

她："嗯……有那么几次，半夜我完全清醒过来后发现自己蹲在床头……或者……或者蹲在房间的某个角落……"

搭档："你是说，你有类似于梦游的行为？"

她："应该不是梦游……我也说不清，好像在我半睡半醒的时候，有人叫我躲起来，然后我就跑到某个角落去了……"听到这儿，我背后不由得起了一股寒意。

搭档的脸色更凝重了："你知道是什么人让你躲在角落吗？"

她："不知道……那会儿我是半睡半醒的……这不算梦游吧？"

搭档："不好说。那种事情发生的时候，你会觉得害怕吗？"

她："如果不照着做，会害怕，按照那个声音告诉我的躲藏在角落，就不会害怕了。"

搭档："大约发生过几次？"

她低下头仔细地回想着："三四次吧，我记不太清楚了。"

搭档："当你彻底清醒后呢？继续待在房间的角落还是回到床上？"

她："我都会待一会儿再回去。"

搭档："为什么？"

她："因为在黑暗中我会感觉很好。"

搭档："一点儿不会觉得害怕？"

她："一点儿都不会，很安全。"

搭档："想必你自己查过是怎么回事儿吧？"

她："查过。我也想知道为什么我和别人不一样，为什么我会那么喜欢黑色和黑暗。后来查了一些书，说那是吸血鬼的习性……我知道你会觉得很好笑，但是……你能明白那种感受吗？只有在黑暗中我才会有舒适感，再后来……后来……我觉得自己可能不是人类，也许我是别的什么，我是指习惯于生存在黑暗中的那些生物……大概吧，别笑话我……"

搭档："怎么可能？当你觉得自己有些不对劲儿之后，就开始找那些中世纪有关宗教和那些吸血鬼的书来看，对吧？"

她点了点头。

搭档："那，你喜欢看血吗？"

她："血？鲜血？不。"

搭档："嗯……这么说吧，你这些举动把你未婚夫吓坏了，包括你看的那些书，所以他来求助于我们。"

她低着头："我知道，为这个我们吵过架，有一阵儿，我们俩差点儿解除婚约，就是因为这些事儿……这并不怪他，我实在是太喜欢黑色和黑暗了……"

搭档迷惑地看着她，沉默了一会儿，问了个缓解气氛的问题："你不怕大蒜和十字架吧？"

她轻笑了一声："不。"

搭档："好，情况我已经了解了。这样，你先休息一会儿，让我和催眠师商量一下，你看行吗？"

她："好。"说着，她站起身，我留意到她身材不是比较瘦，而是非常瘦。

搭档："那么，待在哪儿你会感觉更舒服一些？这里？还是刚才你看到的催眠室？"

她看了一眼窗户："这里吧，这里窗户少，也小……能拉上窗帘吗？"

搭档："可以，不过最好开着灯。"他指了指桌上的台灯。

"嗯。"女孩点了点头。

搭档使了个眼色，我们俩离开书房，去了与催眠室一门之隔的观察室。

进门后，搭档把手里的本子扔到一边，自己坐在桌子上，并把腿也盘了上去。

我对他这副德行早就习以为常——深度思考的时候他喜欢盘腿、弓背的姿势，并把双肘抵在膝盖上，用指关节托着下巴。

看来这个女孩的情况难住他了。

我："刚才听得我脊背发凉。"

搭档："嗯，这个情况的确比较特殊，很费解。"

我："一会儿催眠的重点是什么？是在她半睡半醒时要她躲起来的那个人？还是别的？"

搭档："我不能确定……"

我："你最好确定，因为她就等在那里……或者，我们推到明天？"

搭档："不，给我点儿时间想想……目前……虽然看上去应该从所谓的'梦游'那里找问题，但是我本能觉得问题的根源不在那里……"

我："你的意思是那也属于表象？我指的是心理分析中的一个观点，即问题根源都不会停留在表象，否则就不会被称之为'根源'。"

搭档："我说不好，最初的时候我以为是生活中某些事件使她丧失了安全感，但是聊起来的时候，我没发现她性格中隐藏着对某件事物或者某个人的恐惧……问题就出在这儿了……"

我："的确，另外，她言谈中也没有压抑的情绪。"

搭档喃喃地嘀咕着："所以我不明白，按照她的嗜好来看，她所表现出来的应该有不对劲儿的地方，可是通过刚才的对话和她的言谈举止，我觉得她一切正常，就是一个很普通的女孩……这反而不正常，为什么会这样呢？难道是她性格中有……隐藏的部分没被发现？"

我："如果她性格中有潜在的部分，催眠是不是很危险？"

搭档微微抬起头，谨慎地看着我："是……"

我："要不……先提议让她做个全面的身体检查，而不是催眠和心理诊疗？"

搭档："为什么这么说？你觉得她体质上……你这是把我的思路往灵异方面带吗？"

我："我可没这么想，不过刚才我的确觉得有点儿寒意……"

搭档鄙视地看了我一眼，摇了摇头："你太不专业了。"

我："我的专业是催眠，但是刚听她说完，我觉得她需要驱魔师……"

搭档似乎并没在听我的玩笑，而是自顾自地继续嘀咕："要给她一个全黑的环境催眠吗？"

我："我不想冒险……"说到一半，我停住了，因为他现在的样子意味着他已经进入了一种类似于自我催眠的状态——为了深度思考。根据经验，我很清楚这种情况下旁人的任何主观言论都会打断他的思路，所以最好的方式是简单而空洞地附和，这是我慢慢摸索出来的。

搭档："黑色……黑暗……意味着什么呢？"

我："一定有某种含义。"

搭档："黑暗……黑色的肤色……她为什么要这么做呢？"

我："应该是有其缘由的。"

搭档："把身边一切都换成黑色的东西……也就是说，实际上她在模拟黑暗的环境……那么问题应该在黑暗本身……"

我："嗯，黑暗本身。"

搭档："衣服穿成黑色……想把肤色转黑……其实是一样的……吧？"

我："你是对的。"

搭档："那么……这么做……是让自己融入黑暗吗？"

我："有道理。"

搭档："有人要她躲起来……融入黑暗……角落……黑暗……躲藏……"说到这儿，他回过神，迟疑着抬起头看着我，眼里闪烁着一些什么。那正是我所期待的。

我："掌握？还是很接近？"

搭档愣了一小会儿，慢慢露出狡黠的笑容。他跳下桌子，双手插在裤兜里来回溜达着："心理问题之所以复杂，是因为在很多时候原始动机都被锁了起来，让人无法窥探到，但真正的重点并不在这里，因为那些原始动机不但被锁住，还被藏起来了。所以真正的问题在于：找到那把锁被藏在什么地方……"

我微笑着一声不响地等着他继续。

搭档："……把一切生活用品换成黑色，其实是在模拟黑暗的环境；而黑色的衣服、染黑皮肤的本质是在于让自己融入黑暗——也就是说她需要把自己藏起来。目前看来，还是一种似乎没有恐惧目标的躲藏。虽然这么看上去好像已经很清晰，并且可以以此来寻找解决的办法了，可新的问题又来了：为什么她要这么做呢？答案是……她想要通过这些行为来消除一些东西。"

我："消除什么？"

搭档停下脚步，眯着眼看着我："人们出风头、刷微博、去找各种刺激、登录各种社交网站留下自己的即时信息……你知道为什么要这么做吗？"

我："为什么这么做？嗯……你是指存在感吗？"

搭档："是的，人们都在拼命证明自己的存在感。而这个女孩正相反，她在想尽办法消除掉自己的存在感。"

我："她为什么要消除掉自己的存在感？"

搭档："虽然没有直接证据，但我还是能推断个差不多。"

我："结论？"

搭档："她行为上的'消除自我存在感'其实还藏着更深的一层潜意识：自我否定。"

我："你是说……"

搭档咧开嘴笑了："这就是那把锁。"

女孩安静地坐在大沙发上，带着一脸好奇的表情看着我和搭档架摄像机。

"催眠还要录像？"她问。

搭档："对，这是必需的。"

她："为什么？"

我："视频可以作为参考资料之一进行反复分析，有时候能发现一些当时被忽略的问题。同时，全程录像也是为了约束催眠师本身——指不良暗示。"

她淡淡地笑了下："真有意思。"

我："关于保护隐私的问题你可以放心，视频不会泄露出去的——除非你许可。另外，你可以自己留备份。"说着，我望向搭档。

他坐到女孩身后不远的地方，打开手里的本子，然后对我点了点头。

我知道可以开始了。

刚刚就在确定了那把"锁"之后，我和搭档商量了一下，决定把催眠的重点放在她的童年时代。因为童年的某些事件在心智尚未发育完全的孩子眼里，有可能会产生扭曲的印象和感受，之后随着时间的推移渐渐成为潜意识而被埋藏起来。慢慢地，记忆偏差以及成长等其他因素所造成的干扰，会无一例外地让当初留在内心深处的扭曲印象及感受放大许多倍——

大到足以能影响到一个人的行为。当然，不见得所有心理问题、行为异常都是这种情况造成的，但是这是嫌疑最大的。因此，我们决定从这里开始。

"……当你推开那扇门的时候，你就能看到给你童年留下最深印象的事情……"

"3……"

她整个人看上去放松了下来，身体慢慢向后靠去。

"2……"

她垂下头，呼吸均匀而缓慢。

"1……"

搭档对我点了点头。

我："你能听到我吗？"

她："是的。"

我："告诉我你都看到了什么？"

她："看到了……爸爸妈妈在吵架……"

我："你知道他们在吵什么吗？"

她："听不清……好像……好像很混乱，还有很多杂音……"

我："什么杂音？"

她："是……有人在说话……"

我："除了你父母，还有别人在场吗？"

她："没有……"

我：“那，你能听清他们都在说什么吗？”

她显得有些迟疑：“可能……可能是在说我……”

我：“都说了些什么？”

她：“……是在说……”

搭档把笔记本放在膝盖上，双手抱肩，闭着眼仰着头，看上去仿佛睡着了。

她：“那些声音是在……指责……爸爸……”

我：“都指责些什么？”

她：“他们说……男孩……儿子……”

我飞快地反应了几秒钟：“他们希望你是个男孩？是吗？”

她：“是的……”

我：“说那些话的人是你亲戚吗？”

她：“……是的……是姑姑她们……”

我：“你能听到你爸说了些什么吗？”

她：“他……他和妈妈……在争吵……”

我：“现在你能听清他们争吵的内容了吗？”

她：“能听见……一点儿。”

我：“内容也是关于你的吗？”

她：“是……关于我……”

我：“他们希望再要一个孩子，是吗？”

她：“是的……”

我：“你妈妈不同意，是吗？”

她："是……"

我："她是怎么说的？"

她："妈妈说……说……她自己从小就是被歧视的，所以她不想……不想让我也有这样的……环境……所以……"

我："你能听到你爸怎么说吗？"

她："他……说很丢脸……"

此时搭档睁开眼，皱了一下眉。

我："所以他们争吵，对吗？"

她："对……"

我："你能看到自己吗？"

她："能看到……"

我："那时候你看起来有多大？"

她："……大约……三四岁。"

我停了一下，看着搭档，他在摇头——也就是说他认为还没真正找到问题点。

我想了想，接着问了下去："他们因为你争吵的次数多吗？"

她："不知道……好像……好像不是很多……"

我："除了他们争吵，你还看到什么了？"

她稍微摆动了一下头："妈妈……在对我说话……"

我："说什么？"

她："妈妈要我躲起来……"

我："躲起来？你们在做游戏？"

她："不……不是做游戏……"

我："那是什么？"

她："妈妈要我……少说话……少做动作……"

我："为什么要你这样做？"

她："因为……因为，大家都在。"

我："大家？是你那些亲戚吗？"

她："是的……"

我："她是不想让你引人注目吗？"

她："妈妈让我乖……这样才不会……才不会……被人说。"

我正想问下去，搭档轻手轻脚地举起本子，给我看上面写得很大的一行字。我看懂了，点了点头。

我："在你 20 岁左右，你爸妈吵过架吗？"

她似乎有一些抗拒情绪，轻痉挛般地抽动着："好像……我不知道……"

我决定反过来问："没有吗？"

她："……有……"

我："提到你了？"

她："是的。"

我："是你四五岁的时候他们争吵的内容吗？"

她："不完全是，只是……提到了。"

我："他们吵架的时候你在旁边吗？"

她："不……我在自己的房间里……"

我："你在做什么？"

她："我在……我在哭……"

我："你为什么要哭？"

她轻叹了一口气："因为……因为如果没有我，就可以有个弟弟了……我是……被嫌弃的。"

此时搭档松了一口气，然后抬手做了个 OK 的动作。

我："非常好，这只是一个梦，你就要离开这个梦了，当我数到'3'的时候，你会从催眠中醒来……"

她："我会醒来……"

"1……"

我注意观察她轻微的肢体动作和情绪，看来一切正常。

"2……"

搭档无声地站起身，皱着眉看着女孩的背影。

"3。"

她睁开眼，略带困惑地看了看周围，又看了看我："开始了？"

对这种轻微的暂时性逆向失忆，我习以为常："不，已经结束了。你表现得很好，我知道你感觉有一点儿累，这很正常，回去休息一下就好了。"

送走女孩后，我回到催眠室，搭档正低头看着笔记本里所记下的内容。

"这回清楚了？"我逐一拉开窗帘。

搭档："是的，但比我想的还要复杂。"

我："能说了吗？"

"嗯。"他的目光离开手里的本子，抬头望着我。

我把椅子稍微拉远一些，坐下，等待。

搭档："这个女孩的自我否定源于血缘族亲的性别歧视。这个根源埋藏得比较深，所以在谈话的时候她所表现出来的举止没有异常，这也就使得我最初看不透造成她行为反常的动机。"

我点点头："嗯，仅仅从谈话来看，她是一个正常的女孩，但是这种正常倒是不正常了。因为她的嗜好过于古怪。"

搭档："没错，所以说假如不使用催眠方法的话，恐怕会颇费一番周折才能明白到底是怎么回事儿。"

我："那你的意思就是说现在可以确定喽？她行为异常是因为家族中的那些多嘴的亲戚以及重男轻女的传统？"

搭档："不不不，不完全是，那只是一个原始的点，真正造成她行为异常的，是后面的放大与扩散……这么说吧，当她知道来自家族的性别歧视后，产生了'我是不被喜欢的'这个想法，可真正打击到她的，是她母亲。"

我："啊？哦，你是指关于'躲藏'那部分？"

他："正是这个。虽然之前她目睹了父母的争吵，但三四岁的孩子是无法理解父母所背负的压力的，也就是说虽然这件事对她造成了影响，但并没有那么大。而之后，母亲所提出的限制——在亲戚面前少说、少动，尽量不要引起别人注意——这个命令式的要求毫无疑问扩大化了她印象中父母所争吵的内容。所以她会错误地认为，妈妈的要求其实等同于某种程度上的嫌弃。因为孩子虽然不能完全理解来自家族的歧视，但是孩子本能地知道这么做的目的是降低自己在别人眼中的存在感——躲起来——这一行为本身就意味着消失、隐藏，甚至进一步演化为'不存在'这个概念。"

我："So？"

搭档："So，虽然她家族中那些碎嘴的亲戚并没有直接对她造成什么严重的心理影响——毕竟那些言论的针对性更偏向于她的父母，但是她母亲对她的告诫却真实而确凿地影响到她的心理。加上之前她曾经亲历过父母的争吵以及争吵内容，进一步强化了记忆中父母因她而起的冲突。也就是在那时候，她完全而彻底地确定了'我是被嫌弃的'这个想法。"

我："嗯……是这样，也就是说那时候的扭曲印象直接影响到了她现在的行为本身？"

搭档站起身去倒了杯水："不，就算是这样也还没什么，直到最后一根稻草出现。"

我："哪个？"

搭档："你忘了？她是 20 岁左右才产生这种行为的，为什么？因为她刚刚描述过，在自己 20 岁左右，某次父母争吵的时候又带出那个话题了。不过我相信她父母之所以提到这个该死的话题，其实只是因为日常琐事而发生争执，翻出那些陈芝麻烂谷子的事情罢了，并非针对她。但不凑巧的是，这次并非针对她的争吵恰好让她听到了，并且从潜意识层面唤醒了童年的记忆，同时也进一步把那个扭曲的印象强化了。这个，就是真正导致她行为、嗜好异常的最后一根稻草。所以，也正是从那个年龄起，她又在重复执行着母亲的命令：'隐藏自己'，把周边都弄成黑色模拟黑暗，穿黑色的衣服，甚至打算染黑皮肤来融于黑暗之中……借此来消除存在感。"

我："嗯……是这样……不过，还有一点我不明白。"

搭档："什么？"

我："关于梦游的问题……也许不是梦游……为什么她最近一两年才开始有那种情况呢？为什么之前没有过呢？"

搭档："因为环境和身份的转换。"

我："嗯？我不懂。"

搭档耐心地跟我解释："是这样，有几个小细节你应该记得：在提到她未婚夫的时候，她用的是'男朋友'这个词，对吧？为什么呢？我认为这并不是语言习惯或者尚未适应的问题，而是因为她对婚姻有间接的抵触——结婚对女人来说还意味着不久之后的生育。她隐隐地担心假如自己生了个女孩，会不会面临当初父母所面临的问题。要知道，这个是无法控制和掌握的。正因如此，这种来自潜意识的、对于未来担忧的压力也表象化了，所以她才表现出那种类似于梦游的现象。我们来看一下梦游的内容就清楚了：执行'躲起来'的命令。不过，这个躲藏的动机又不同于前面的'消除存在感'，这个躲藏的含义是'逃避婚姻的现实，这样就不会面临生育，不会面临父母曾有的压力'，对吧？实际上，我们都清楚那不是梦游，她自己也承认了，发生的时候并非在她睡着的时候，也不是在她清醒的时候，而是在半睡半醒的时候……"

我："对，那种状态其实正是入睡前意识和潜意识交替的时候。"

搭档："没错，这个所谓的'梦游'只不过是她的潜意识直接指导了她的行为罢了。"

我："噢……情况稍微有点儿复杂……那我们怎么解决她的问题？"

搭档："你觉得暗示性催眠可以吗？那是你的领域，你有判断力。"

我认真地想了一会儿："恐怕不行，治标不治本，这只是掩盖住了而已，不够彻底。"

"嗯……"他点点头，"那，谈话疗法？"

我："谈话疗法……貌似可以……不过不能确定周期和效果，有点儿被动，每个人每天的情绪都是会改变的。"

搭档皱着眉："说得对……还真是……那什么方法适合她呢？"

我："我倒是有个建议。"

搭档："说说看。"

我："问题从哪儿出，就从哪儿解决。"

搭档把杯子停在唇边，想了一会儿："让她父母介入？"

我："包括她未婚夫。"

搭档："有必要这么兴师动众吗？"

我："如果不这么做，可能会导致异常行为扩大化——因拒绝生育就干脆拒绝结婚？有这种可能性吧？所以……"

搭档："明白了，你说得没错……那这样，明天我就联系一下她未婚夫，把情况彻底说明。通过他来找我们想解决问题，而不是选择放弃这点看，就足以证明他应该是愿意配合的……至于女孩的父母那方面，也由她未婚夫来帮忙沟通好了，这样咱们会轻松得多。"

我："好，那就这么定下来吧……"我终于松了口气，"……话说，有日子没看你这么认真过了。"

搭档放下杯子，伸了个懒腰："我一向都很认真。"

我："没觉得……"

他在沙发上横躺下来，闭上眼："人们总是喜欢忽略掉最重要的事情，你发现没？"

我："为什么这么说？"

搭档："几乎每一个行业都无比重视人的心理，甚至为此推出花样翻新的概念广告和千奇百怪的销售行为来企图影响受众心理，希望借此干预到行为。但是，人们同时却又忽略掉自身言行对于身边人的心理影响……"

我："有区别，一个是商业行为，一个是日常行为。"

搭档："没区别。难道家人就不重要吗？假如能注意自己的日常言行，很多家庭矛盾、家庭纠纷还有日常琐碎所造成的心理阴影就根本不会发生，对不对？"

我："可是这样会很累。"

搭档："那，等到出了问题，无计可施的时候就不累了？"

我："这个……我总觉得似乎有什么不对的地方，但我没办法推翻你的诡辩。"

搭档笑了："承认吧，我们所有人都只是很自私地活在当下罢了，得过且过。"

十一

暴君

"这儿可以抽烟吧？"中年男人说着，从口袋里掏出烟盒。

我看了一眼搭档，他摇了摇头："抱歉，不可以。"

中年男人愣了一下，讪讪地收起烟盒，用手捋了捋略带花白的短发："好吧，那我忍忍。"

我："您刚才说要找催眠师，对吧？我就是，请问您有什么事？"

中年男人飞速打量了一下我："有没有办法在一个人不知情的情况下对他进行催眠？"

我："不知情？你是指心理暗示？"

中年男人："不，我是指催眠，就是什么都能问出来那种。"

我："呃，据我所知，没有那种可能性。"由于不清楚他这么问的动机，所以我撒了谎。

中年男人："小说和电影里面那些都是假的？"

我："嗯，基本都是杜撰的，没那么神奇。"

"你要做什么？"搭档在旁边插了一句。

中年男人："我怀疑……我怀疑我儿子不是自己的。"

搭档："你认为你太太对你不忠？想在不知情的情况下对她催眠，问个清楚？"

中年男人："嗯，差不多是那样吧……"

搭档："你需要的是遗传学 DNA 鉴定，而不是找我们。"说完，他恢复到平时那个漫不经心的表情，并且直起腰，看样子打算送客。

中年男人："已经鉴定过了，基因显示 99% 吻合。"

我："哦？那你为什么还要……"

中年男人："亲子鉴定不是 100% 准确的，那个有误差，我问过。"

我："如果没记错的话，假如不是你的孩子，基因吻合率连 5% 都没有吧？"

中年男人："这个数字不确定对不对？也就是说，也有可能不是我的孩子的吻合率很高对不对？"

我："理论上……"

中年男人不耐烦地打断我："别跟我说什么理论，我需要 100% 确定。"

"我明白了，您要求的是万无一失是吗？"搭档露出了他好奇时才会有的、难以察觉的笑容，"有意思！"

男人回过头也上下打量了一会儿我的搭档："你也是催眠师？"

搭档向他伸出手，咧开嘴笑了："不，我是心理分析师。"

我："……明显问题在他身上，而不是他老婆。"

搭档："对啊，我跟他先聊聊看有什么我们不知道的。"

我："我可要提醒你，他的目的是来给自己老婆催眠，你跟他聊再多也没一分钱可拿。"

搭档："他会付钱的。"

我："这么说，你的意思是等他抽烟回来，你带他去书房，然后花上一点儿时间探究到他的心理问题，接着告诉他：'你太太不需要催眠，其实是你有问题。'最后他付钱给你，是这样吧？"

搭档的表情看上去很纯洁："就是这样。"

我："说好啊，目前这种情况我可帮不上你！"

搭档笑了："真的？"

我："我没打算逗你笑，那个家伙看上去有些粗鲁，还狂妄，我只是在提醒你。"

搭档保持着他的笑容："越是这样的人，越是内心极为脆弱和胆怯。"

我叹了口气，知道自己没办法让这只好奇的"人形雄性猫科动物"回心转意了。

中年男人推门进来了。

他坐在桌子前环视了一下书房："为什么要先问我问题？"

搭档："这是有必要的，我们需要了解到足够多信息，才可以判断能不能答应你的要求。难道我们先去找你太太问？这样恐怕不是你想要的吧？"

中年男人冷冷地看了他一会儿，然后点了下头："嗯，好吧，你要知道什么？"

搭档故意慢条斯理地打开笔记本，从口袋里抽出钢笔，抬起头："请问，您和您太太结婚多少年了？"

中年男人："12 年。"

搭档："您和您太太的年龄呢？"

中年男人："我 43，她 40，孩子 9 岁。"

搭档："哦……您是从事什么职业的？"

中年男人："民航机长。"

搭档："平时工作压力很大？"

中年男人扬了下眉："几百号人的安全在我手里，每次拿到旅客名单我都觉得很沉重……你肯定坐过飞机，但是你没法理解那种感受的。"

搭档点了点头："可以想象一点儿。"

中年男人："你想象不到的……不过，我并不是因为工作压力才怀疑我老婆的，这点你要知道，我不是那种疑神疑鬼或者胡乱发泄的人。"

搭档："没问题，放心，我的职业也不允许我事先做假设。"

中年男人："嗯，你继续问。"

搭档："你太太有过实质上的不忠行为，还是仅仅是你怀疑？"

中年男人："我怀疑。"

搭档："你为此做过什么吗？我是指雇人跟踪她。这点您必须如实回答我，很重要。"

中年男人皱紧眉盯着搭档："我的确找过。"

搭档："跟踪了多久？"

中年男人："两个月。"

搭档："什么都没发现，对吧？"

中年男人："对，你怎么知道？"

搭档："如果发现了，您肯定就不用找我们了。"

中年男人："噢……也是……"

搭档："那是多久前的事情了？"

中年男人："一年半以前。"

搭档："您太太是全职主妇吧？"

中年男人："对。你怎么又知道？"

搭档："您看，您的职业收入肯定不俗，养家绰绰有余，从对太太的关注上来看，您应该不大可能让她有太多接触到别的男人的机会。这么推论的话，我觉得您是不会让她去工作的。"

中年男人略带诧异地看着搭档："嗯？你还是挺厉害的……"

搭档："谢谢，这是我的职业。假设把我放到您所工作的飞机驾驶舱，看着满眼奇怪的开关和指示灯，我肯定不知所措，更别提遇到乱流一类的临时情况该怎么处理了。但是您就能娴熟地操作，对不对？我会认为您非常了不起，您会对此不以为然，因为那是您的职业。"

搭档这两句不着痕迹的马屁令中年男人很受用，他脸上那紧绷着的肌肉开始松弛下来："也是，就是干这行的。看来开始我有点儿小看你了，你还挺专业……不过，其实现在驾驶飞机没那么多麻烦，一般的乱流可以不用去管，有自动驾驶，电脑能自己处理并保持稳定，我们只要关注数据就成，这时候乱动操作杆争夺驾驶权反而会出事儿，搞不好会海豚式跳跃……"他的卖弄证明他已经开始放松了思维警戒。

搭档："您看，这就是专业知识……好吧，我们把话题转回来，您为什么要怀疑您太太呢？有依据，还是有什么迹象？"

中年男人犹豫了一下："嗯……这个……干我们这行的经常不在家，很多时候都在外面满天飞，老婆出轨的现象……其实挺多的……虽然我没发现她有什么，可是我总得提防着点儿……"任何人都能听出他所谓的理由其实不是理由。

搭档："那么，既然是这样，我们把问题问得更直接一点儿吧，您儿子长得和您像吗？"

中年男人："他像我太太更多……"

搭档："不不，我的问题是，和您长得像吗？"

中年男人显得有些迟疑："嗯……性格上……"

搭档停下笔，看着他的眼睛，又耐心重复了一次："长相，我说的是长相。"

中年男人："哦……耳朵和……下巴像……"

搭档："很像？"

中年男人："……很像。"

搭档故意放慢语速："其实，您应该能确认您儿子是自己的，对吧？"

中年男人没吭声，紧紧地抿着嘴唇。

搭档："这点您不需要做什么鉴定就能确认，对吗？"

中年男人滑动着喉结，咽了下口水："虽然是这么说，但是……但是我觉得这不能确定她没出轨过。"

搭档的表情变得很严肃："您是不是有别的想法？我指的是您怀疑太太不忠这件事儿。"

看着中年男人阴晴不定的面部表情，我也好奇了起来，我很想知道这个看上去粗鲁的家伙到底存在什么样的问题。

而此时他坐在那里，一言不发。

搭档小心而谨慎地强调着自己同谈话者之间的信任关系："就像您看到的，有些方面相对来说我还是比较专业的，并且我可以保证自己不会逾越职业道德线，对您今天所说的一切，包括隐私，我的态度就如同您尽力对机上所有乘客负责的态度一样。这点上，您能相信我吗？"

中年男人盯着搭档的眼睛，点了点头。

搭档："好，那么，下面我问一些问题，您必须如实回答我，您能做到吗？"

中年男人依旧沉默着点了点头。

搭档："您，对您太太有过不忠行为，对吗？"

中年男人："从没有过。"

搭档："有没有过诱惑？"

中年男人的表情有些得意："当然，我们这行收入比较好，那种诱惑太多了，我身边没几个人能把持住的。"

搭档："这种事情您听过或者见过不少吧？"

中年男人："对。"

搭档："您太太曾经是空姐？"

中年男人："对。"

搭档："家里大小一切从来都是您做主，对吧？"从搭档的细微表情能看出，前面几句似乎都是为了这个问题而铺垫，不过我并没想明白这个问题有什么特殊意义。

中年男人："嗯，基本都是我说了算。"

搭档："最近几年是不是有些变化了？"

这时那位机长的表情有些不自然："嗯……这个……也正常，我经常不在家，所以儿子的……那些事情，我也就交给她处理了，毕竟我比较忙，还得养家……嗯……所以……"

搭档："对对，其实你的压力更大。"我留意到他不再使用敬语。这意味着他开始进一步掌握话语和身份的主导地位。也许有人会对此不以为然，但是作为一个催眠师，我可以证明：这很重要，非常重要。

中年男人："就是……好多事情我顾不过来……"

搭档："你开始把一些事情交给她做决定是从有了孩子之后，还是最近几年？"

中年男人："最近几年，孩子上学之后。"

搭档若有所思地点了点头："原来是这样……那么，她处理得还好吗？"

中年男人："嗯，还算……可以吧，她本身事情也不多。"

搭档："那……能形容一下你太太是个什么样的人吗？"

中年男人想了想："总的来说，她算是性格温和的那类人。但是有一点不好，有什么事不爱说，经常是我追问才说。"

搭档："这样不是很好吗？比那些喋喋不休的女人强太多了。"

中年男人轻点了下头："嗯，我是很讨厌那种说起来没完没了的女人。不过我老婆也太……但她的确强过那些唠唠叨叨、没完没了的女人。"

搭档笑了笑："她很漂亮吧？"

中年男人摸着自己那头略显花白的短发："嘿嘿，别人都这么说……"

搭档话锋一转："假如，我是说假如，她真的对你不忠，你会选择跟她分开吗？"

很显然，这个问题出乎中年男人的意料，他愣住了："你认为她真的有外遇？"

搭档："刚刚我是说'假如'。"

中年男人："嗯……我……"看起来，他似乎并没认真想过这件事。

搭档："你带孩子做 DNA 检测，她并不知道吧？"

中年男人："不知道……"

搭档："你也嘱咐儿子不要说，对吗？"

中年男人："嗯……"

搭档抬手看了下表："要不要抽根烟休息一下？"

中年男人显得有些迫不及待："好好，我去外面抽根烟。"

听着他出门后，我转过头问搭档："你费了半天劲儿才掌握了主导权，怎么不乘胜追击？"

搭档用手指缓慢地轮流敲着桌面："没关系，门已经打开了，我有把握……不过，目前看这个成因似乎有什么不对劲儿的地方，我觉得还有别的什么原因。"

我："你都知道了些什么？"

搭档皱着眉："深层原因还不知道，先说表面的吧。他怀疑太太不忠其实就是没事找碴儿……你别笑，我是认真说的。因为他曾经是家里一切事物的决策者，但是有了孩子之后，他发现老婆的主导地位突然提高了很多，所以他的男权心理开始不平衡……"

我："你是想说他有'王座心理'？"

搭档："嗯，坐在王座上的人，不容他人挑战自己的地位。"

我："这么简单？"

搭档皱着眉摇了摇头："没那么简单，有问题。"

我："例如？"

搭档："你不觉得很奇怪吗？男人普遍都有王座心理，这正常，但是他的表现过于强烈。想想看，为了保证王座，他甚至不惜用破坏性的假设去诋毁自己的假想敌，但那个假想敌是他太太，他的所作所为已经远远超出了常人的王座心理……用极端来形容不为过吧？"

我："呃……是很过分……超出的尺度有点儿大。"

搭档："所以说，我觉得还没真正捕捉到问题的根源。"

我："那接下来怎么办？继续聊？"

搭档："嗯，再给我一点儿时间，我希望能捕捉到他心理扭曲的成因。"

我："需要催眠吗？"

搭档："不知道，现在什么都不能确定。"他皱着眉摸了摸额头，"我打算先把他的问题挑明，这样最节省时间。"

我："你有把握吗？"

搭档抬起头看着我："最多一半。"

几分钟后，中年男人带着一身烟味从外面回来了。

坐下后，他对我们笑了笑："我们这行平时压力大，有时候抽烟缓解一下情绪。"他看上去比最初进门的时候友善了许多。

搭档："理解，很正常。咱们继续？"

中年男人："好，继续吧。"

搭档："你看，我们也聊了这么久了，那么接下来我会告诉你一些通过分析所了解到的问题，只有当我们双方都确定这些问题后，我们才可以继续谈下去，你要听吗？"

中年男人很认真地点了下头。

搭档："好，我来告诉你一些事情吧。最初来的时候，你质疑孩子不是你的，但是接下来也承认孩子还是有像你的地方，加上之前的 DNA 检测，实际上孩子就是你自己的。对于这一点，你自己非常清楚。你雇人跟踪太太也并没发现任何蛛丝马迹，对吧？更进一步的，我认为你甚至很有可能查过你太太的电话账单和短信记录。我猜，依旧没有迹象表明她对你不忠。这一点你可以不做答复，让我接着说下去，既然没有任何迹象表明你太太有不忠行为，那么问题就出来了，为什么你会有'太太不忠'这种疑惑呢？这是关键点。刚刚就在你出去抽烟的时候，通过分析我们认为问题出在你的身上。"说到这儿，他故意放慢语速，"你的所作所为，只是在用这种方式来转移某种压力，虽然目前还无法确定压力的真正根源，但我大体上能确定它不是来自工作——我相信你很喜欢自己的工作，并且对此非常自豪——这就确定了压力是来自别的地方。因此，接下来我将问的问题针对的是你，而不是你的太太。假如，你能认同并且接受，我们就继续谈下去；要是你决定逃避这个问题，那么谈话就到这里了，我们不会收取你一分钱，同时还能保证你今天和我们所聊的一切不会再有其他人知道。"他故意停顿了几秒钟，"另外，还有一点我要强调：我不是在用什么活见鬼的激将法，我相信你比我更清楚自己的问题，这需要你自己来面对，而不是别人。"

中年男人避开搭档的目光，略带不安地舔了舔嘴唇，他似乎在考虑。

搭档："从你刚才的态度就能看出，你并不希望真的和太太之间有裂痕，可是目前你的行为和你所期望的却正相反。我只是想提醒你：继续这样下去，你很可能会令自己的婚姻变得很不稳定甚至真的产生裂痕，而且……而且那是不可弥补的。你当下的行为，必定会影响到你的未来，所以我希望你对我刚刚说的那些能慎重考虑下。"

听得出，搭档这番言辞充分利用了中年男人的责任心和肩负感，目的是让他彻底打开防线。这么做看上去有点儿冒险，但我必须承认我想不出更好的方法。

中年男人低着头静静地坐在那里，一言不发。

我那个狡猾的搭档此时正平静地等待着。

过了好一阵儿，中年男人抬起头："我想好了。"他停了足足有半分钟，"我们继续。"

搭档点了点头："您的确是一个能对自己负责的人。好吧，下面的问题我还是希望您能如实回答，因为这很重要。"这家伙又在耍语言花招——用敬语来肯定并且鼓励。

中年男人叹了口气："你问吧，否则我自己也整天疑神疑鬼的，还莫名其妙发脾气。很累。"

搭档："OK，让我们继续，这是你第一次婚姻？"

中年男人："对。"

搭档："你和你太太婚前的感情稳定吗？"

中年男人："很稳定，一步一步来的。"

搭档："在认识你太太之前，你有过女友吧？为此受过什么挫折吗？"

中年男人认真想了一会儿："没有什么大的挫折，因为我对这种事儿很谨慎，不是乱来的人。"

搭档："没发生过女友背叛这类的事情？"

中年男人表情很坦然："从未有过，我说过我很谨慎，或者说我特别挑剔，对轻浮的女人没兴趣。"

搭档："你和你太太婚后有过婚姻危机吗？"

中年男人："没有，我刚才说了，她是那种性格比较温和的人……呃……小争吵不算吧？"

搭档："当然不算。那么……你的家庭环境，是正常的吗？不是单亲家庭吧？"

中年男人："不是。"

搭档："方便说下你的父母吗？"

中年男人略微迟疑了一下："呃……我爸就是那种普通的小科员，一辈子平平静静的。我妈……也差不多。"

看来问题在这里，我们都捕捉到了。

搭档依旧不动声色："那，先说说您父亲吧，可以吗？"

中年男人："嗯，我爸性格上比较文弱，一辈子都是与世无争，不招灾不惹事儿那种人。非常简单，非常普通。"

搭档专注地观察着对方的表情变化："除了这些，有没有让你印象深刻的事？关于你父亲。"

中年男人："嗯……没什么特殊的，都是很平常的生活琐事。"

搭档显得有些失望："那，能说一下您的母亲吗？"

中年男人的表情变化有些微妙："我妈……她吧……稍微强势了一点儿，毕竟我爸那种性格……我是说家里总得有个人担着事儿……"

搭档："她工作方面呢？很优秀吗？"

中年男人微微点了点头："嗯，做得很好，她比我爸有野心，所以在家里的大大小小事儿都是她说了算。"

搭档："那，关于您母亲有什么对您来说印象深刻的事儿吗？"

这时，中年男人开始闪烁其词："她……那个……也就是家里那些事儿，总的来说她脾气比较急，所以也就是生活上正常的磕磕绊绊，没有什么特别印象深刻的。"

搭档："她决定着您家里所有的决策吧？"

中年男人："对。"

搭档："包括对您？"

中年男人："你指的是什么？"

搭档："例如上学、就业和婚姻方面。"

中年男人："对。"

搭档："但是你并没听她的，对吗？"

中年男人表情异常严肃："小时候是没办法，长大后我都是自己决定自己的生活。所以……有那么一阵儿，我和我妈之间的关系很不好。"

搭档："你现在从事的工作、你和你太太的婚姻，都是你的选择，甚至是先斩后奏的，对吗？"

中年男人："可以这么说。"

搭档："你父母生活在这个城市吗？"

中年男人："不，在老家。"

搭档："你常回去吗？"

中年男人："逢年过节才回去，平时比较忙。"

搭档把手肘支在桌子上，把双手手指交叉在一起托着下巴："你太太和你母亲之间不和，是吗？"

中年男人躲避着搭档的视线："婆媳关系这种事儿……也是没办法……我妈什么都想管……"

搭档："但是你说过，你太太比较温和，我猜，是你很看不惯你母亲对你太太和家里的事儿指手画脚，对吗？"

中年男人略显不快地看了搭档一会儿，点了点头。

搭档保持着身体前倾的姿势："现在，我重复一下刚才的问题，关于您母亲，有什么对您来说印象深刻的事儿吗？"

中年男人的表情开始从不快慢慢转为愤怒。他怒视着搭档几秒钟后，猛地站起身破口大骂："你他妈就那么喜欢打听隐私是吗？吃饱了撑的吧？你管得着吗？什么他妈的心理咨询，我犯不着跟你说我们家的事儿！"说完，他冲出书房，从接待室拿起自己的外套，摔门而去。

我从惊愕中回过神来看着搭档："他……怎么反应这么强烈？"

搭档保持着镇定，坐在书桌后面动都没动："因为我触及那个被他深埋的东西了。"

我仔细回想了一下刚刚的对话："你认为问题的根源在他母亲那里？"

搭档点了点头。

我："到底是什么情况？"

搭档把双手插在裤兜里，靠着椅背仰头望向天花板："我只知道一点点，更多的谜只能从这个机长本人那里解开了。"

我："真可惜……这个家伙算是脾气暴躁了，想必在家里也是个暴君吧。"

搭档叹了口气："你错了，他母亲才是暴君。"

两天后。

搭档挂了电话回过头："送餐的说晚餐时间人太多，要咱们多等一会儿。"

我："还等多久？"

搭档："他说可能30分钟以上……"他话音未落，门外就响起了敲门声。

"你不是说30分钟吗？人家说的是30秒吧……"我边调侃着边过去

开门。

门外站着的是曾经摔门而去的机长——那个无端怀疑自己太太的中年男人。

我和搭档都愣住了。

中年男人站在门口显得有些尴尬："噢……我……是来道歉的……"

搭档笑着点了点头："您客气了，其实没什么。进来坐吧。"

中年男人："那个，上次真对不住……我知道跟你们谈话其实是计时收费的，我主要是为这个……"说着，他从包里翻出钱夹。

搭档笑了："您不是为送钱来的，我可以肯定。"

中年男人攥着钱包，叹了口气："我……好吧，你说对了。"

搭档："那，我们继续上次的问题？"

中年男人表情很迟疑："上次……嗯……你猜得没错，我妈她，的确是有……呃……"

搭档收起笑容："我什么也没猜，我只是根据推测问到那个问题了……这样吧，还是由我来说好了。说得不对的地方，您来纠正。假如某个问题触怒您了，我先道歉，然后恳请您走的时候别摔门，这样可以吗？"

中年男人不好意思地笑了一下："真的很对不起，好，你说吧。"

搭档："通过上次的描述以及您当时的表情和语气，我能判断出您母亲应该是一个非常强悍、非常霸道的女人。不仅仅是在她工作中，生活中想必也如此。家里的一切都是她说了算，而且不容置疑——无论她是对还

244

是错。"

中年男人："嗯，是这样，我妈就是那么一个人。"

搭档："您和您的父亲想必对她从来都是唯命是从，甚至都没想过要反抗。不过，后来出了一件事，让您对您母亲开始有了反抗情绪。"

中年男人紧皱着眉，盯着自己膝盖，点了点头。

搭档："让我猜猜看，您，目睹了她的不忠行为，是这个吗？"

中年男人："是的。"

搭档："您的父亲并不知道？"

中年男人："我从未说过。"

搭档："一切转折从这里开始的吧？"

中年男人深吸了口气："你说的一点儿都没错，的确是这样。在我小时候，我妈对我和我爸管得非常严，而且家里的大事小情都是我妈一把抓。但毕竟我妈所做的一切也是为了我们，为了这个家……我上次说了，我爸性格懦弱，所以我妈比较厉害、比较霸道也算正常，毕竟家里总得有个主心骨，这个想必你知道的。对我妈，我也从没有想过反抗……说起来，我和我爸都很怕我妈。后来，大概在我 17 岁的时候，有一次我放学很早，无意中看到我妈和一个男人……呃……你能明白吧？当时给我的震撼极大。那个在我和我爸面前有绝对权威的……也就是从那之后，我开始不再顺从我妈，以至于无论对错都不会再听她的。"

搭档："所以你后来的学业、事业和婚姻全部都是自己的选择。甚至工作之后有很长一段时间跟家里没有任何联系，对吗？"

中年男人："嗯，对我来说，那件事……你可能会想象出我有多愤怒，但你肯定无法体会我有多愤怒。尤其是看到她对我爸的态度还有在家独断专横那样子的时候，我会……"说到这儿，他叹了口气，"但她是我妈，而且我长得和她很像……我……我……"

搭档："你怀疑过你和你父亲的血缘关系吧？"

中年男人："对，怀疑过，但被我自己推翻了，因为我看过我爸年轻时候的照片，我们的身材和脸型简直一模一样。"

搭档："你母亲对不忠事件解释过什么吗？"

中年男人："解释过，但是……毕竟我亲眼看到了。"

搭档："你太太知道这件事吗？"

中年男人："我没跟任何人说过这件事儿。"

搭档凝重地看着他，轻叹了口气："……难为你了，憋了半辈子……"

中年男人低着头摆弄着手里的钱夹："那天从你们这儿走后，我想了好多，也大体上知道自己是怎么回事儿了。"

搭档笑了笑："你得承认，自己怀疑太太不忠根本就是莫须有。"

中年男人："对……其实，我只是不喜欢强势的女人，因为那很容易让我想到我妈……孩子上学后，因为工作忙，不在家的时候也多，所以每当要处理孩子的问题的时候，我经常说不上话，都是我老婆做决定……遇到这种情况，每次……我会觉得很不安，我也说不清为什么就会很火，莫名其妙地发脾气……"

搭档："那，要我来帮你梳理一下整个心理过程吗？"

中年男人想了一下："好吧。"

搭档："你的母亲曾经在你和你父亲面前是至高无上的，但是目睹了那件事之后，你对此的看法改变了。而且在潜意识中，你也多多少少有责怪父亲的念头——'如果不是你这么懦弱，也就不会发生这种事情了。'所以在你后来的成长中，你都会刻意强迫自己要强势、要蛮横，甚至不惜成为你母亲那样的暴君……这一切就是起源于：你不希望成为自己父亲那样的人。"

中年男人点了点头："是这样的。"

搭档："咱们把几点分别说一下：你说过自己讨厌水性杨花的女人，这是来自你对你母亲行为的厌恶；你无端怀疑孩子不是自己的，即便在做了DNA鉴定之后也一样，其实那是来自你怀疑过和父亲有无血缘关系；而你对另一半的选择也是延续对自己母亲的排斥——你太太的温婉，与你母亲的性格彻底相反……你想过没，其实，你内心深处几乎是时时刻刻在指责你的母亲。更进一步说，你对自己现在从事的工作很满意其实也是同样在指责她。"

中年男人："嗯……多少有点儿……"

搭档："真的是'有点儿'？据我所知，在飞机上，机长的权力是至高无上的，对吧？你也提过，你拿到乘客名单的时候会有很强烈的责任感，很沉重，这实际上就是你在用另一种方式说'我会对这些人负责，而不是像她那样做出不负责任的事'。"

中年男人："的确是，有时候攥着乘客名单我都会直接想起我妈，但是原来我一直不明白为什么会这样。"

搭档："嗯，我们再把话题回到你的行为上来。我相信你太太是温柔贤惠类型的，在处理家政上基本都会征求你的意见然后执行。不过，随着孩子长大、上学，很多时候她也就等不及你进行决策，她必须自己面对、自己处理，同时你很清楚这是必需的。最开始那一段时间还好，不过，随着她在家庭生活中决策的比例越来越大，这让你联想到了你母亲，所以你开始不安，并且很直接地把'家庭决策主导地位'和'不忠'联系到一起——你害怕太太成为你母亲那样的人；你害怕你母亲曾经的暴君性格；你害怕自己成为你父亲那样的男人。你开始怀疑、猜疑，甚至有所行动……是这样吧？"

中年男人低着头："你……说得很对……"

搭档："但是你的怀疑毕竟是怀疑，你雇人跟踪、调查你太太的电话和短信记录，甚至偷偷背着她带孩子去做亲子鉴定，这一切都没有发现任何问题。可是，越是这样，你越是不安。因为，你想到了父亲至今对母亲的不忠行为都丝毫没有察觉的事实，你非常非常害怕自己是这种情况，所以，今天你才会回到这儿，重新出现在我们面前。"

中年男人一声不吭地坐在沙发上，面色沉重。

搭档把语气放得很轻缓："但是，你要知道，即便真用你所期望的那种催眠方法，让你太太回答完所有你想知道的，结果肯定还是一无所获。那么，你会就此安心了？不会再去猜疑？我们都很清楚这是不可能的，对吧？你依旧会猜疑，依旧会不安，并且依旧会企图找到某种方法来消除自己的不安感。但你要知道，这种不安感并不是来自你的家庭，而是来自你的内心深处，这一切，是源于你对母亲的愤怒和指责。"

中年男人沉默了好久才开口："可是……"

搭档打断他："没有'可是'，你不是那种会傻到一直带着愤怒生活下去的人吧？"

中年男人先是怔了一下，然后声音沙哑地问道："那……我该怎么办？"

搭档："把一切都告诉你太太，包括你曾经因质疑她不忠而做过的那些事。"

中年男人："这么简单？"

搭档："就这么简单。"

中年男人："她知道以后会不会……和我……和我离婚？"

搭档："你太太绝对不会做那种选择的。"

中年男人："你……怎么能确定？"

搭档："记住，不是你选择的她，而是你们相互选择了对方。"

中年男人愣愣地坐在沙发上，那表情就好像刚刚从梦中被叫醒一样。

机长走后，我和搭档各自在塑料袋里翻找着自己的晚饭。

我："应该给你在电台开个夜间栏目。"

搭档撕下一块比萨塞到嘴里，含混不清地说："不是解决家庭纠纷那类栏目吧？"

我："我指的就是那个。"

搭档："你就那么恨我？"

我："我确定你能大幅降低离婚率。"

搭档："……我不要……肯定很无聊……"

我拿起蒜蓉酱闻了闻，皱着眉扔到一边："你又没试过，怎么知道？"

搭档："反正都是一种情况，面对的都是一种人。"

我："哪种人？"

搭档："梦中人。"

十二

时间线

门外传来一阵嘈杂声，搭档推门走了进来。他身后跟着个看上去面容无比憔悴的中年人和一个20岁出头的女孩。

我放下手里的杂志站起身："这是……"

搭档边脱外套边告诉我："父女俩在找咱们诊所，碰巧问的是我，就带过来了。"

我点点头："什么情况？"

搭档："我还没来得及问。"

安顿这对父女坐下后，我看了看那位憔悴的父亲："您，有什么事儿吗？"

面容憔悴的中年人："您就是催眠师吧？我女儿她……你问她，你问她。"说着，他推了推坐在旁边的女孩。

我转向女孩："怎么？"

女孩平静地笑了笑，但没说话。看上去她没什么不对劲儿的地方，很正常，眼神透出的是平静和淡然。

我看了看她父亲，又看了看搭档，然后把目光重新回到女孩这里："现在不想说？还是有别的什么原因？"

女孩依旧微笑着摇了摇头。

靠在旁边桌子上的搭档插了句话："你看这样好不好？如果你现在不想说，就先在这里休息一下，或者也可以去我的书房待一会儿，等到想说的时候我们再聊。假如你今天都不想说话，那等哪天想说的时候再来，你看行吗？"

女孩的父亲显得有些急躁："我……我们不是来捣乱的，我们已经去过很多家医院，也看过两个心理医生，但是他们都……都……所以我带她来想试试催眠有没有用，你们得帮帮她，否则……"说着，他抓过女孩的胳膊，挽起她的衣袖，露出双臂。

她的两只手臂瘦得不成样子，看上去似乎是营养不良。

接着，中年人又隔着裤管捏着她的小腿让我们看——同样很瘦。

"爸！"女孩嗔怪地收了一下双腿，并把双臂重新遮盖住。

憔悴的中年人："跟他们说吧，也许他们有办法。"

女孩摇了摇头："不说了，说多少次也不会有人信的……"

搭档从桌子边走到女孩面前，半蹲下身体："什么没人信？我能再看看吗？"他指了指女孩的胳膊。

女孩犹豫了一下，缓缓伸出双臂。

搭档分别挽起她两只袖管。

她的手臂完全不具备在她这个年龄应有的白皙与丰润，枯瘦得已经接近了皮包骨。

搭档："这是……营养不良？或者似乎是神经问题造成的肌肉萎缩，你觉得呢？"他在问我。

我："呃……这方面我不确定，有可能吧……"

搭档皱着眉抬起头问女孩的父亲："这是怎么造成的？你们去医院检查的结果是什么？"

憔悴的中年人："不是营养问题，去医院查了，说什么的都有，但没有人见过这种情况，谁也不知道是怎么回事。"

搭档："像某种原因的肌肉萎缩……但您刚才提到'看过两个心理医生'，为什么要找心理医生？"

憔悴的中年人："因为……因为……"他带着一种乞求的神情看着女孩。

女孩咬着下唇，犹豫了一阵儿才开口："这是代价，我也没办法……"

搭档："什么代价？"

女孩又沉默了。

搭档看了我一眼，然后对那对父女点了点头："来我书房吧。"

我把面容憔悴的中年人安排到书房靠墙的小沙发上，并且嘱咐他一会儿不要插话，也不要有任何提示，更不要催促。

憔悴的中年人连连点头。

搭档从抽屉里找出钢笔，若有所思地捏在手里，想了想才抬头问女孩："你刚才提到'代价'是怎么回事儿？"

女孩一言不发地坐在椅子上，表情似乎是在走神。

憔悴的中年人张了张嘴，我无声地伸出一个手指，对他做出了个安静的示意。

过了几分钟，女孩回过神："我知道你们都不会信的。"

搭档叹了口气："你还什么都没说呢。"

女孩："好吧，在告诉你之前，我有一个请求。"

搭档："好，你说。"

女孩："如果你们觉得这很可笑、很荒谬，请不要把情绪挂在脸上，我已经无所谓了，但我不想让我爸再受刺激。"

搭档认真点了点头："我保证。"

女孩又沉默了几分钟才再次缓缓开口："我的身体会越来越瘦，再有最多 10 年我猜自己就……"

搭档："发生了什么事情？是你刚才提过的'代价'？什么'代价'？"

女孩："因为时间线。"

搭档一脸困惑："什么？"

女孩："嗯……你知道末日吗？"

搭档："末日？传闻的那个 2012 年世界末日？"

女孩："不，1999 年的。"

搭档迟疑了一下："呃……你是想说相信那个什么末日吧？"

女孩："我信不信不重要，那是事实。"

搭档："没发生的不能算事实吧？"

女孩："如果发生了，可人们并不知道呢？"

搭档："怎么可能，1999 年早过去了，我们不都好好儿坐在这里吗？"

女孩："你看到的未必是真实。"

搭档："真实……嗯？你是说，世界末日已经发生了？"

女孩："还没有，大约在 3 个月之后会发生——在原本那条时间线上。"

搭档："呃……稍等一下，我有个逻辑问题没搞清。你刚刚说世界末日已经发生了，但是没人知道。但是，现在你说 3 个月之后会发生，这个解释不通吧？"

女孩："这要看你在哪一条时间线上。"

搭档："你说的时间线就是这个意思？"

女孩："是这样。"

搭档："那么，既然世界末日已经发生了，现在呢？我们的交谈，我们的当下其实并没发生？"

女孩："当下是现实的。"

搭档："你不会是说我们都已经死了吧？"

女孩："不，还活着，因为我们现在身处在另一条时间线上。"

看得出搭档已经被她搞糊涂了，我也是。

搭档："我想我有个逻辑关系没搞清楚……"

女孩打断他："我知道，让我换个方式来说吧。你能告诉我现在是哪年吗？"

搭档瞟了一眼桌上的台历后说出年月日。

女孩摇了摇头："你认为自己正身处在 21 世纪的某一年，但是实际情况是，我们从未进入 21 世纪，一直停留在 1999 年 8 月 17 日。大约在 3 个月之后，会发生一连串事件，那将是整个人类世界的终点，那一天被我们称之为'世界末日'。"

搭档飞快地和我交换了一下眼神："今年是 1999 年？"

女孩："不只是当下，你们所说的去年、前年，甚至更往前，一直反推到 1999 年，都是 1999 年。"

搭档："我们就停在 1999 年了？"

女孩："也算停，也算没停。"

搭档一脸困惑："你能解释一下为什么这么说吗？"

女孩："假如按照原本的那条时间线延续下去的话，在 1999 年的 11 月或者 12 月，就是世界末日。所以我们在延续一条新的时间线，在这条线上没有 1999 年的世界末日。"

搭档："那原来的那条时间线呢？已经因为世界末日不存在了？"

女孩："那条时间线会一直存在，不存在的是人类——我刚才解释了世界末日意味着什么。"

搭档："哦，对，是人类的末日……"

女孩："我重新说一遍，请你认真听，就能听懂是怎么回事儿，好吗？"

搭档："好，我的确还是有点儿糊涂。"

女孩有意放慢语速："在 1999 年的年底，会发生一连串的事件，那是毁灭性的、人类无法阻止的灾难。不知道是谁，从 1999 年 8 月 17 日创造了一条新的时间线。在这条时间线上不会发生灾难，整个人类就活了下来，也没有经历世界末日。现在，你和我正在谈话都是真实的，因为我们此时此刻就存在于这条新的时间线上。这回你听懂了？"

搭档仔细想了几秒钟："听是听懂了，可是你所说的这些，过于……嗯，过于奇幻，你怎么能证明自己说的就是真的呢？"

女孩："我就是活着的证明，因为我是'时间的维护者'之一。"

搭档："'时间的维护者'是什么？"

女孩："我们现在所处的这条新的时间线原本是不存在的，所以为了让它延续下去，'时间的维护者'们要以自己的身体为代价让它延续下去。"说着，她挽起袖子，露出枯瘦见骨的胳膊。

搭档："'时间维护者'——们？不止你一个人？"

女孩："不止我一个，但是我不清楚有多少人，也许很多，也许就几个人，具体人数我不是很了解。"

搭档："如果你们不维护呢？会发生什么？我们都会死掉？还是停在原地不能动了？"

女孩："不。假如这条时间线因为没有维护而终止，人类会重新跳回到 1999 年 8 月 17 日的新时间线起始点，3 个月后，就是世界末日。"

搭档："你不是说在那条时间线上世界末日已经发生了吗？"

女孩耐心地向他说明："对，但是我说了，我们会跳回到原本时间线的 1999 年 8 月 17 日的时间点上，因为那个点是现在这条线的初始点。所以，假如当下的这条时间线不存在了，现在的一切会回到我们现在身处的新时间线初始点，而不是直接跨越到原本那条线的同等位置。"

搭档想了一下，飞快地在本子上画了一张图，并且按照女孩所说的标注上说明和弧线，然后举起来给她看："是这样吗？"

女孩点点头："就是这样。"

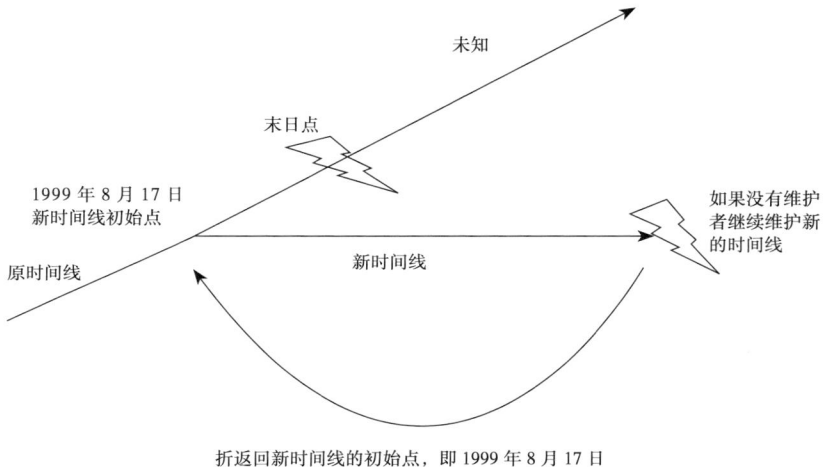

未知

末日点

1999 年 8 月 17 日
新时间线初始点

如果没有维护
者继续维护新
的时间线

原时间线

新时间线

折返回新时间线的初始点，即 1999 年 8 月 17 日

搭档看了看自己在本子上画的后接着问女孩："也就是说，你们为了不让人类遭受灭顶之灾，在维护着这条新线，对吧？"

女孩："对。"

搭档："那，现在我们身处的这条时间线不是你创造的吧？"

女孩："不是。"

搭档："你也不知道是谁创造的，对吧？"

女孩："对。"

搭档："好，现在我不能理解的是：我们身处的这条线的创造者是从 1999 年 8 月 17 日开始改变这一切的，但是你说过，末日将发生在 1999 年的年底。那么，他是怎么知道的呢？毕竟那还没发生，对不对？"

女孩："这个我也不清楚。"

搭档皱着眉看着女孩："你是从那个起始点开始维护时间的吗？"

女孩："不是。"

搭档："从什么时候开始的？"

女孩："去年年中。"

搭档："也就是说你参与维护时间一年多了？"

女孩："对。"

搭档："那你是怎么开始的呢？"

女孩："是一个前任时间维护者告诉我的。"

搭档："男的女的？"

女孩："男的。"

搭档："他人呢？"

女孩："可能已经死了。"

搭档："呃……是你认识的人吗？"

女孩："不是，之前我不认识他。"

搭档："可能已经死了……就是说你不清楚他死没死是因为没有联系了，对吧？"

女孩："对，后来就没有联系了。"

搭档："你们联系过几次？"

女孩："两三次，他告诉了我这一切是怎么回事。"

搭档："你就信了？"

女孩淡淡地笑了一下："信了。"

搭档深吸了一口气："好吧……你为什么要认为他可能已经死了？"

女孩："他维护了将近 8 年，身体恐怕再也经受不住了。"说着，她指了指双腿。

搭档："嗯……我明白了，维护时间的代价是会让人身体慢慢变成那个样子，对吧？"

女孩："是的。"

搭档："这么说来，那个人应该很瘦？"

女孩："嗯，你要看他的样子吗？"

搭档愣了一下："你是说……"

女孩回过头看着她父亲，憔悴的中年男人连忙从包里找出一张照片，起身递给了搭档。

搭档惊讶地接过照片，我也走上前去看。

照片中是女孩和一个瘦高男人的合影，两人都是夏装。看得出那时候女孩的四肢还是健康的。而那个男人看起来瘦得不像样子。若不是他的衣着和神态上还算正常，我甚至会怀疑他受过禁食的虐待。照片中的两人都没笑，只是平静地站在一起。

搭档抬起头问道："就是这个人吗？"

女孩点了点头。

搭档："他太瘦了，我看不出年龄……那时候他多大？"

女孩眼神中透出一丝悲伤："25 岁。"

搭档吃了一惊："他在 17 岁左右的时候就……"

女孩："是的。"

搭档："你们之后为什么不再联系了？"

女孩："他只出现在我第一次遇到他的地方，另外几次都是我去那里等他，后来他去得越来越少，直到不再出现……我们拍照片的时候他已经很虚弱了。"

搭档："即便他不再是'时间维护者'了，他的身体也恢复不过来吗？"

女孩："恢复不了。"

搭档："一旦开始，就没有结束？"

女孩："对，到死。"

搭档："……原来是单程……"

女孩显然没听清："什么？"

搭档："呃……没什么……我想知道，他跟你说了这些之后，你为什么相信他？"

女孩对待这个问题仿佛永远都会用一个淡淡的笑容做回应，不做任何解释。

搭档想了一下："你见过其他'时间维护者'吗？"

女孩："没有。"

搭档："那你怎么知道有其他人存在的？他告诉你的？"

女孩："他的确提过，但他也不清楚到底有多少人。而且我自己也见过记号，那不是他留下的。"

搭档："是什么样的记号？"

女孩摇了摇头："别问了，很简单的，不是什么奇怪的图案。"

搭档："在什么地方？"

女孩："别的城市。"

搭档："你没留在看到那个记号的地方等吗？"

女孩："等了一下午，什么也没等到。"

搭档："嗯……你是怎么做才能维护当下这条时间线的呢？需要什么仪式？还是其他什么？"

女孩："什么都不用做，等着身体自己付出代价就好。"

搭档："在确定付出代价前，你怎么知道自己就是'时间维护者'呢？"

女孩："噩梦、幻觉，还有压力。"

搭档："关于这点，我能问得详细一些吗？"

女孩点了一下头。

搭档："先描述一下噩梦吧，还记得内容吗？"

女孩："都是一个类型的，梦到身体变成沙子、粉末或者水，要不就是变成烟雾消散掉。"

搭档："梦中的场景呢？"

女孩："普通的生活场景。"

搭档："那幻觉呢？是什么样的？"

女孩："时间幻觉。"

搭档："时间幻觉？我不明白。"

女孩："有时候我觉得只过了一两个小时，但是在旁人看来，我静静地坐在原地一整天。"说这句话的时候，她眼神中飞快地掠过一丝恐慌，接着又平静如初。

搭档望向女孩的父亲，那个面容憔悴的中年人点了点头，看来女孩说的是事实。

搭档："呃……这种……时间幻觉的时候多吗？"

女孩："据说以后会越来越多。"

搭档皱着眉停顿了一会儿："压力是……"

女孩："有那些噩梦和时间幻觉，不可能没有压力。"

搭档："好吧，我懂了……接下来催眠师会带你到催眠室休息一下，等我们先准备，可以吗？"

送女孩去了催眠室并安顿好后，我回到书房，此时面容憔悴的中年人正在说着什么，而搭档边听边点头。

憔悴的中年人："……坐在那里一天都不会动，我吓坏了，打急救电话，找人帮忙，可是通常一天或者半天就没事儿了，但是她说自己只是发了一会儿呆……"

搭档："这种情况有多少次了？"

憔悴的中年人："啊……大约……七八次吧，我没数过。"

搭档："那个很瘦的男孩呢？您见过吗？"

憔悴的中年人："没见过。"

搭档："您报过警吗？"

憔悴的中年人："半年多前报的案，但是他们说没有证据，只有一张合影也没法查。"

搭档："你女儿怎么看这件事？"

憔悴的中年人："她自愿做维护者……"

搭档："您为此和她争吵过吧？"

憔悴的中年人："对……我曾经骂她……"

搭档看着这位可怜的父亲，点了点头："好，我知道了，您也稍微休息会儿，等下我们给她催眠。现在我先和催眠师商量一下。"

面容憔悴的中年人去了催眠室后，搭档关上门，抱着胳膊倚在书架上望着我。从他脸上，我看不出任何情绪。

我："这个……有点儿离奇了，你有线索吗？"

搭档："最初我以为她属于女人生过孩子之后那种'上帝情结'①——虽然她并没生育过。直到那张照片出现……那张该死的照片把我分析的一切都推翻了。"

我："嗯，有照片也把我吓了一跳。"

搭档："对了，你见过这个图案吗？"说着，他拿起桌上的本子递给我。上面画了两个弧面对在一起的半圆，在它们之间有一条垂直的直线。

我："没印象，这是什么？"

搭档："这就是女孩所说的'时间维护者'的标记，回头我得找个精通文字和符号学的人问问，可能会有线索。"

---

① 上帝情结——有些女性在生育之后会有自我膨胀和自我崇拜的心理现象发生。该心理成因源于"只有神才能创造生命"这种概念，所以部分女性在生育后会在某种程度上自我神化，即我可以创造出生命。同时，该类特征女性会把几乎全部关注点只放在自己所生育出的孩子身上，相比之下，对于其他事物会显得漠不关心，包括丈夫、朋友和事业等。虽然这种心理问题是生育后女性所特有的，但偶尔也会发生在未生育女性身上，通常伴生于生育幻想或受孕幻想，但极为罕见。据目前不完全统计，以上两种情况与受教育程度成反比，与宗教狂热程度成正比。

我又仔细看了一下那个图案，的确没有丝毫印象。

搭档："在跟她交谈的时候，我发现一个比较可怕的问题。"

我："例如？"

搭档："你注意看过她的眼神吗？"

我："一直在注意看，的确不一样，而且可以大致上判断她没撒谎。"

搭档："嗯，她的眼神和态度不是炫耀，也不是痛苦，而是执着和怜悯，甚至她看自己父亲的时候也是一样……这让我觉得很可怕。她的年纪，不该有这样的眼神。"

我："你的意思是她说的那些都是真的？"

搭档皱着眉摇了摇头，看得出他的思绪很杂乱。

我："一会儿催眠的重点呢？"

搭档没吭声，而是盘起腿坐到了桌子上，我知道他又打算深度思考。于是自己一声不响地坐在门边的沙发上等待着。

搭档："时间线……末日……时间的维护者……"

我："她是这么说的。"

搭档："噩梦……沙化……变成粉末……时间的幻觉……这有含义吗？"

我："的确很古怪。"

搭档："让我想想……偶遇……很瘦的男人……新的时间线……之后没再出现……身体的反应……怜悯的态度……这……啊？难道……难道？！"他惊讶地抬起头看着我。

我站起身："怎么了？这么快就理出头绪了？"

搭档："不，我还没开始想，只是把线索串起来就发现咱们一直漏掉了一个可能性！真该死！"他抬起手抓着自己的头发。

我："漏掉了一个可能性？我怎么没印象？"

搭档抬起头盯着我："她会不会是被催眠了？"

我也愣住了，因为我的确没往这个方向想。

搭档从桌子上跳下来，在屋里来回快速走动着："偶遇……男人说了这些，她就信了，而且她从未解释过为什么信了，这应该就是了……后来又见过几次，这其实就是为了强化暗示！"

我仔细顺着他的思路回忆了一下："呃，好像是。"

搭档突然停下脚步看着我："如果那个很瘦的家伙真是个催眠师的话，你从专业角度来看，他很强吗？"

我："这个……看女孩的状态估计是接收暗示后神经系统或者吸收系统紊乱，自我意识已经严重影响到肌体……根据这一点，我猜那个人应该不仅仅有催眠能力，还精通于分析和暗示，应该是一个相当厉害的人。"

搭档看上去很兴奋："难道说遇到高手了？"

我："你先别激动，我有个问题：假如真的是一个精于暗示和催眠的人干的，那他的动机是什么？"

搭档抱着肩眯着眼睛："嗯……这是个问题，是什么动机呢？现在看来没有任何动机：偶遇——暗示——催眠——强化暗示——不再出现……这么说看不出动机……"

他的自言自语提醒了我："嗯？也对，你说得没错，假如我们这么说下去，是看不到动机的。"

搭档抬头茫然地看着我："什么？"

我："我们通过催眠来了解一下那天到底发生了什么吧！"

搭档露出笑容："那就准备吧。"

女孩略带一丝好奇地问："不需要那个带着绳子的小球吗？"

我："带绳子的球？哦，你指催眠摆？不需要，那是因人而异的。有的催眠师喜欢用催眠摆，有的喜欢用水晶球，还有我这样的——什么都不用。"

女孩点了点头，没再多问，而是安静地坐在沙发上，低着头看着自己的膝盖。

"……现在闭上你的眼睛，按照我刚刚告诉你的，放松身体……对，很好。"

"……你的眼皮越来越沉……感觉到身体也越来越重……"

"……你的身体几乎完全陷到沙发里去了……"

"……你能感觉到无比的平静……"

"……你的感觉从来没有这么好过……"

"……当你慢慢沉到下面的时候，你可以自由地飘浮……"

"……你看到了一个发光的洞口……"

"……你不由自主地飘向那里……"

"……当我数到'1'的时候，你会穿过发光的洞口，回到第一次遇见'时间维护者'的那天……"

"你做好准备了吗？"

女孩的回答缓慢而低沉："……是……是的……"

"3……"

"2……"

"1……"

"你，已经回到那一天了。"

"告诉我，你正在做什么？"

我想看看女孩身后的搭档有没有什么提示，结果发现他把腿盘在椅子上，双肘撑住膝盖，指关节托着下巴，紧皱着眉。

看样子他打算捕捉到所有细节。

女孩："我……我在去朋友家的路上……"

我："发生了什么事情吗？"

女孩："是的……"

我："有陌生人跟你打招呼吗？"

女孩："是的……"

我："他很瘦吗？"

女孩："是的……"

我："他对你说了些什么？"

女孩："他……让我帮助他……"

我："他需要帮助吗？"

女孩："是的……他要我帮忙把一个箱子扶住……然后他把箱子捆在自行车后座上……"

我："你去帮他了吗？"

女孩："是的……"

我："然后发生了什么？"

女孩："他……看着我……"她的身体开始轻微地抽搐。

我瞟了一眼搭档，他此时像是睡着了一样闭着眼睛。

我："然后发生了什么？"

女孩："好像……好像出了奇怪的事……"

我："什么奇怪的事？"

女孩抬起头，闭着眼睛做出四下张望的样子。

我："你看到了什么？"

女孩："……周围的一切，都静止了。"

我："怎么静止的？"

女孩："都……都不动了……只有……我们两个能动……"

我："是他做的吗？"

女孩："是的……他让我不要怕……他说……他说他是'时间的维护者'……"接着，女孩把曾经跟我们描述的关于世界末日以及时间线那些全部说了一遍。

我："你相信他所说的吗？"

女孩："是的……"

我略微停顿了一会儿，想了想："他是要你做决定吗？"

女孩："是的……"

我："是当场做决定吗？"

女孩："不是……他要我回去考虑一下……"

我："接下来你会跳跃到第二次见到这个人的那天，并且回忆起当时的一切。你能做到吗？"

女孩："能……"

我耐心地等了几分钟："现在可以了吗？"

女孩："可……可以了……"

我："告诉我第二次见到他发生了什么？"

女孩："他……他告诉了我很多……维护者……时间线……意义……还有，还有……"

我："还有什么？"

女孩突然陷入一种身体无法自制的状态——每隔几秒钟就会疯狂而快速地摆动着自己的头，幅度并不大，但是极快。我从未见过这么恐怖的场景。

我："镇定，镇定下来……"

女孩完全不接受我的指令，而是依旧做出那种令人恐惧的动作。看样子必须马上结束催眠，这时搭档站起身对我点了点头。

我加快语速："当我数到'3'的时候，你就会从催眠状态中醒来，并且忘掉刚才所发生的一切，同时回到催眠前的状态。"

当我就要进行唤醒计数的时候，突然脑海中有什么东西一闪而过，思考片刻后，我冲上去尽力扶住女孩那疯狂摆动的头部大声问："第二次和他是在什么地方见面的？"

混乱中，女孩还是接收了这句提问："咖啡……店。"

"1！"我几乎是对她喊出来的。

"2！"看上去提高音量的确有效，她头的摆动轻微了许多。

"3。"她完全静止了下来，软软地靠在沙发上，睁开眼。

我松了一口气。

这时搭档对着我身后摆了摆手，我回头，看到女孩的父亲已经从催眠室隔壁的观察室冲了进来。

搭档："放心吧，没事儿。"

女孩的父亲似乎要说什么，但只是张了张嘴就关上了玻璃门，站在门后望着我们，表情很紧张。

"没事儿……"我说不清这句是安慰他的还是在安慰自己。

当我转回头想看看女孩的状态时，发现她不知道什么时候已经站在我身后了，并且双眼直勾勾地盯着我。

"啊！"我下意识地退后一步。

与此同时，女孩突然无力地倒在了地上。

"她……怎么了？真的没事儿吗？"说着，女孩的父亲又透过玻璃门关切地望了一眼躺在沙发上的女孩。

搭档："到目前为止她很好。"

女孩父亲："可是刚才她……"

搭档并没回答他，而是看着我："刚才那是反催眠吗？"

我深吸了一口气，点了点头："是的，应该是某种强暗示造成的。"

搭档："你有办法吗？"

我摇摇头："没有，除非我知道那个结束暗示的指令。"

搭档："猜不出吗？"

我："怎么可能！那结束指令也许是一个动作，也许是一句话、一个词，甚至还有可能是一个行为，你觉得我有可能猜出吗？"

搭档想了想："那，能通过分析慢慢推测出范围吗？"

我："有可能……不过这已经远远超越我所掌握的专业领域了。"

女孩父亲略带惊恐地看着我们："你们到底在说什么？我女儿到底怎么了？"

搭档："嗯……这么说吧，你女儿被那个很瘦的男人催眠了，而且目前来看是非善意的。"

女孩父亲："他为什么要这么做？"

搭档："这也是我们想知道的，现在我们看不出任何动机和目的。"说着，他抬起头看了看我，"通过刚才催眠师所问的最后一句，基本确定她是被催眠以及强暗示过。"

女孩父亲："……什么？"

搭档："她说过，每次都是和那个很瘦的人在同一个地方见面，对吧？刚才催眠师问的最后一句话是'第二次和他在什么地方见面的？'你女儿说是在咖啡店。这不是她记忆的错误，而是因为对方让她以为身处于第一次见面的地方，但实际上不是。由此可见，她第二次和那个男人见面已经是被催眠的结果。"

女孩父亲："你们能救她吧？求求你们……"

搭档打断他："您先镇定下来。这样，您留在这里看着她，让我们俩商量一下，看看有什么办法，行吗？"

搭档关上书房门，一屁股坐到门边的小沙发上："那家伙用的是目视引导法吧？"

我："嗯。"

搭档："你能这么做吗？"

我："特定环境下也许可以，例如催眠室，在户外估计我不行。"

搭档："为什么？"

我："户外嘈杂，而且人在户外还容易有警惕性，在这种情况下让对方交出意识主导很难。"

搭档点点头："嗯……那，能通过目视引导法进行注视催眠的人多吗？"

我想了一下："据我所知，催眠师这行里能在那种环境下做到的人不超过 10 个。"

搭档："都是年龄很大的老头子，是吧？"

我："对。"

搭档："这么说没一个符合特征的？"

我："给女孩实施催眠的人应该不是从事这行的。"

搭档若有所思地皱了皱眉："嗯。你能用催眠的方法，暗示并且覆盖住女孩原本接收的暗示和催眠效果吗？"

我："可以，但是治标不治本，而且搞不好还会发生思维或者行为紊乱，那时候麻烦就大了。"

搭档仔细考虑着什么。

我："要我说还是用笨方法吧，咱俩在业内查一下还有没有这种情况，然后再问所有能问的人，看看谁有办法，哪怕能提供减缓的途径都成。"

搭档："嗯，也只能这么做了……她被不良暗示影响了这么久，再加上一年多长期的自我暗示，想一下子解决的确不太可能……而且照现在的情况看，时间拖得越久她的身体状况越差。"

我："你有人选吗？"

"有……但是……"搭档一脸纠结的表情看着我。

我知道他想起了谁："你不是要找你老师吧？"

搭档："呃……可是我想不出更好的人选，没人比他更精通心理暗示。"

我："嗯，他已经算是这行里活着的传说了……可是……你不怕被他骂？"

搭档做出一个可怜的表情："怕……但也只能硬着头皮试试看，我猜他不会拒绝的。"

我："你打算怎么跟他做铺垫？"

搭档："铺垫？不铺垫，反正都要挨骂，索性明天直接带这对父女去找他。"

我："我们跟着他分析？正好我想多接触他。"

搭档："你以为他会让咱俩跟着分析？那是不可能的，他有自己的小团队。就把人暂时交给他好了，我相信他肯定有办法的。"

虽然看上去他说这些的时候很镇定，但是他眼神里流露出的是畏惧。

第二天。

我们回来后已经是中午，进了门搭档一直在嚷饿，然后忙于找电话订餐——其实，他每当精神高度紧张之后就会有饥饿感，我很清楚这点。

看着他挂了电话后，我说："我真想知道他打算怎么做。"

搭档："谁？我那个脾气古怪的老师？我也想知道，但是我不敢问。"

我："要不过几天你打个电话给他？"

搭档："呃……这个……他今天心情算是好的，没怎么骂我，等过几天我打电话的时候可就没谱了……"

我："你也有怕的人？！"

搭档起身去接水："我也是人好吗？又不是孙猴子，就算是孙猴子也怕菩提老祖……对了，你说，那个很瘦的家伙会不会是什么邪教的？"

我："不知道，我只知道他的确很厉害。"

搭档："嗯，他让我想起了'恶魔耳语'。"

我："什么耳语？哦，你是说原来欧洲那个？"

搭档："对。"

我："我有一点儿印象，具体是怎么回事儿来着？"

搭档："19世纪，欧洲有个人利用催眠犯罪，他只要俯在对方耳边低语几句，无论是谁都可以被他催眠。所以当时的警方和媒体给了他一个绰号'恶魔耳语者'。"

我："后来抓到了吗？"

搭档："没，但是行踪不明，也没再犯案。其实，只有将近10起案件记录。"

我："据说？"

搭档："不，明确记录。"

我："那他会不会是逆向消除掉了对方的记忆？所以没有更多记录？"

搭档："这我不清楚，你应该比我更了解这些专业领域的知识。有那种可能吗？"

我想了想："嗯……不分场合的话，比较难……"

搭档："昨天这个情况，细想的话我会有点儿不寒而栗。"

我："你指那个家伙的本事？"

搭档："不止这点。昨天晚上和今天早上咱们已经在业内问了一圈了，没有近似的事件发生，对吧？这样说起来的话，就只是这一例，但奇怪的是却没有明显的动机和目的。"

我："嗯……然后？"

搭档："我觉得只有一种可能了。"

我："是什么？"

搭档："你想想看，那个家伙编造出'时间线'那么科幻电影式的一个故事——什么'时间维护者'啊，世界末日啊，然后通过催眠让对方接受，并且还为此设置了反催眠暗示，防止解除暗示……这么花心血的一个情况，他因此而受益吗？看不到，对吧？所以问题出来了：为什么要这么做呢？我认为那家伙的唯一目的就是：尝试一下自己的催眠能力，他也很想看看效果到底有多强，所以他虚构了一个很复杂的情节。"

我："你的意思是，他也是第一次尝试目视引导催眠吗？"

搭档："是的，而且我猜后来他虽然不出现在女孩面前，应该还是跟踪了她一段时间。"

我："想看看效果如何吗？"

搭档："是这样，当他确定自己的催眠和暗示很成功后，应该就会策划更大的事情了，并且肯定会因此获得某种自己想得到的。"

我："诞生了一个新的'恶魔耳语者'……那，这个女孩……"

搭档喝下一口水："只是试验品……"

我："试验品……"

搭档仿佛是在自言自语："那个家伙的本事到底有多大呢？他到底要用催眠做什么呢？真想和他聊聊……"

我："你是想和他交锋吗？"

搭档似笑非笑地看着我："你武侠小说或者侦探小说看多了吧？我只是想知道，掌控别人的灵魂究竟是什么感觉。"

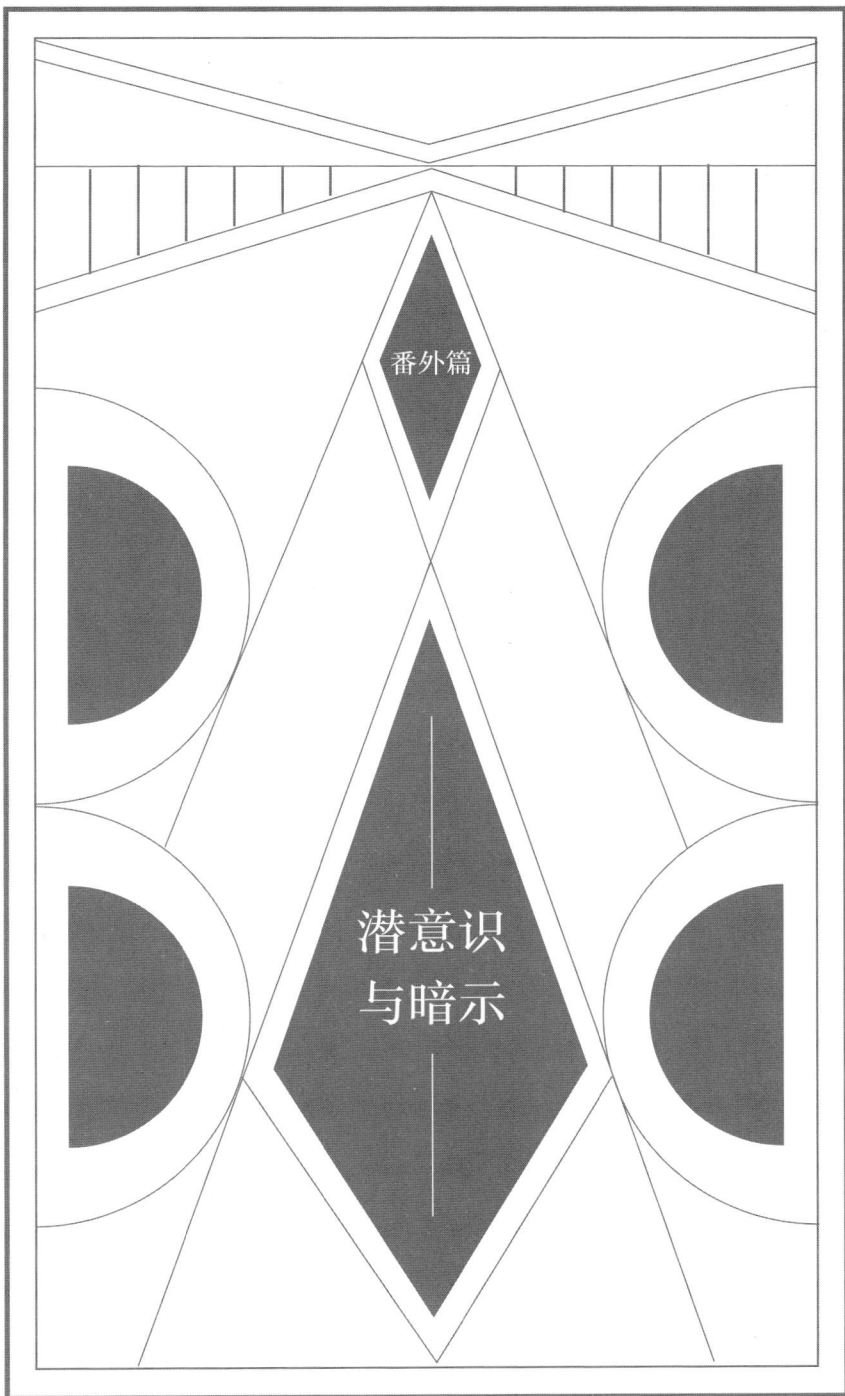

番外篇

潜意识
与暗示

我的搭档除了和我合开一家心理类的催眠诊所外，还兼任某大学的心理学客座教授。

　　虽然本质上学校对这种名誉讲授者要求并不苛刻，而且他本人也并不是那么严肃，但这家伙在讲台上的表现却令我大为惊讶——我指的是严肃性和严谨性。必须承认，他的领悟及整合能力很不一般。我曾经为此调侃过他：你应该试着考取一个真正的教授职称。而他对此的回答极不严肃："其实我是一个演员。"

　　我曾经录下了约小半场他个人对潜意识以及暗示的部分讲解。老实说，那曾经对我启发不少。

　　"……是的，这位同学说得没错。但是我想强调一下，潜意识并非固定的，潜意识是进程，它会伴随着我们每时每刻所接收到的所有信息而产生动态，也就是说，潜意识本身和意识就是互动状态的。而且，意识有可能会沉淀下去成为潜意识，潜意识也有可能浮出水面成为意识。虽然潜意识本身是意识不到的（所以我们把它称之为'潜意识'），但这并不代表我们不会意识到曾经包括在潜意识中的某些内容——因为一旦那部分内容浮出了水面，成为意识的话，那么我们就会得到那部分内容的信息。潜意识的状态是绝对的，但内容却不是绝对的。这位同学，你明白了吗？OK，很好，让我们继续。

"虽然现在很流行用'冰山理论'来形容意识和潜意识的关系，但我必须说那并不精准，仅仅能作为比方来形容罢了。而真实的情况是：我们的潜意识能够使用意识来判断出哪一部分内容成为意识，哪一部分隐藏起来。其实，意识更像是电脑在处理文件时的缓存——把常用的东西从库房里搬出来存在中间地带，而不必每次都跑到库房去搬，以便加快电脑的处理速度。潜意识就是那个库房。而意识和电脑缓存最大的共同点是：断电即清空——有人能告诉我意识被清空意味着什么吗？嗯……非常正确，就是失忆。所以说，失忆并非真的失忆了，而是我们的缓存部分被清空或者一部分被清理了而已。

"说到这里，我相信大家都很容易想到失忆的特征：'你叫什么名字？''呃……不知道。''那么，你住在哪儿？''呃……不知道。''你失忆了？''呃……不知道，但我的确什么都记不起来了。''不不，你没失忆，因为你还听得懂我所说的，你记得语言、记得怎么开口表述，所以说你并没有失忆，你只是缓存被清空罢了。''请问，什么是缓存？''你看！你现在就是缓存被清空的表现！'（笑声）

"而潜意识呢？会被清空吗？也许可以，但是恐怕很难。因为在某些情况下甚至会发生潜意识有意去清空意识的现象。那怎么会发生这种情况呢？原因有很多种，例如：当某个事件对我们造成了足够大的冲击，让我们无法接受这个事实时。这点也正是我们无法掌控潜意识的证据之一。就像我们拥有一个巨大的仓库，里面充满各种各样新奇的玩意儿，虽然我们是仓库的拥有者和使用者，但是对于进、出库我们却不拥有决定权。那么到底由谁掌握着决定权呢？对此我很遗憾地告诉大家，对这个问题的探讨并不在我的课程之中，请自行去哲学课或者宗教课寻找答案。但假如最近一段时间你正在同某人热恋的话，那么就不用去听哲学和宗教课了，很显然，答案在对方手里。（大笑，掌声）

"接下来，我们再说一些关于暗示的问题，这也是为数不多的能直接操控潜意识的方式之一。

"暗示本身并无强弱之分，我们通常所说的强暗示是指使用暗示的方式和方法。暗示的方式、方法有很多种，不仅仅限于语言，动作、表情等都可以有其暗示性。有些是我们生活中约定俗成的，例如摇头和摆手意味着拒绝。额外插一句，印度和新西兰土著的日常习惯正相反——点头是拒绝。还有一些是特定的暗示动作。假设我找一位同学来做实验，我告诉他双臂伸直在胸前，做出僵尸电影中的僵尸那种动作，然后我就对他置之不理，继续讲别的。用不了几分钟他就会感到疲倦，并且双臂开始下垂。这时候我看着他，无须语言，只是把掌心向上轻微地抬动几下，他就会意识到我的暗示并且继续保持我要求他做的那个姿势。我的'掌心向上轻微地抬'这个动作就属于我们之间的特定暗示，而在座的其他同学则不会对此做出反应。当然，这个暗示并不够隐晦，那么接下来我可以进一步，在他伸直双臂后，我把这本很厚重的书扔到他伸直的双臂上，重力肯定会让他的双臂下沉一下，不过很快他就会继续伸直双臂托着书。可是我要求他这么做了吗？没有，他很自然地让书停留在自己的双臂上，同时也尽可能不让它掉下去。为什么呢？因为我给他的暗示是伸直双臂在胸前，他不但接受了，同时还无条件地接受了其他条件——虽然我并没有告诉他：托住书。他托住书的行为就是我通过暗示所达到的额外效果。而这位同学也压根儿没想过：'我为什么要托住书呢？'

　　"说起来，这种暗示的目的就是很隐蔽的一种，也正是类似于这种暗示方式，我们才能绕过一些人的心理防御机制而获取到潜意识中的部分内容。也许有的同学会问：'为什么不获取全部？'答案是：非常难。想要获取我们所需的全部潜意识内容，很可能我们会为此付出极大量的时间和努力，但那种情况下谁能保证潜意识不会有改变？前面我说过，潜意识是一个进程。所以，与其花大量的时间和精力去挖掘出全部内容，倒不如我们花相对少的一点儿时间，只窥探到部分所需了解的潜意识后，再依照经验和先例来推断更划算。这样我们无须投入大量的精力来彻底打开某个人的潜意识仓库，只要看到一些内容，再按照常规推理就能获得必要的信息了。这么说并不是代表不负责任，实际上正相反。而且潜意识虽然看似没有条理和规律，其实还是有一些规律的。这就像是动植物分类一样，也许你并没见过海鬣蜥这种冷血动物，但是假如你按照它所属的分类去找，你就能大体上知道它是一个什么样的构造——因为分类给了我们许多帮助。所以，每当你看到某一个精神病特质分类或者心理学特征纲目的时候，你应该感谢在这个领域的先辈们，正是他们所付出的努力，才让我们无须每一步都在雾中探索，也不必再跌跌撞撞。他们所创造的，也才会被称之为

'全人类的财富'。

"让我们再接着说暗示。暗示是一种非常古老的行为操纵手段。它最早的应用虽然没有专门的统计，但根据我个人的了解，暗示应该是最先应用于统治。我所指的统治包括宗教统治。在每一个古老的教派中——德鲁伊教、萨满教、古埃及秘术等，几乎都有暗示的影子。那些宗教领袖或者大祭司无一例外地把自然现象和自己联系起来，并且以此来震撼住那些被统治者。之后随着文明的进化，宗教也开始进化，所用的暗示方式同样进化了。自然现象不再和某个人有关系，而是和神有关系。（笑声）

"当然，神也是需要代理人的，所以，还是保持尊敬。但不可否认，当神介入后，暗示变得强大了许多，它不仅可以影响到人们一时的行为，而且足以影响人一生的行为。可能某些同学并不理解诸如圣光会、隐修会、光明十字会等极端教派中教徒的扭曲心理。但试想一下：一个人从很小的时候起就接受这种暗示——这时候我们已经可以将其称为'思想灌输'，那么当这个人中年之后能改变自己的想法吗？可以，但是非常非常难！为什么呢？他的思维已经基本被多年来重复并且不断强化的暗示所操控了，他会比任何人更坚信自己的信仰，更坚定地认为教义的无上，所以他会毫不动摇地以自身信仰为基准来判定罪与罚。至于教义中的罪与罚本身我们不在这里探讨，但是值得我们关注的是暗示的力量。如果你掌握的技巧和方式足够多，或者自己创造出强有力的暗示方法，那么你就可以创造出奇迹，甚至因此被人膜拜。为什么呢？因为你影响到了足够多的人、足够长的时间，即便那时候你已经死了。

"说了以上这些，我相信同学们应该能很轻易地把暗示和潜意识的关系厘清了。暗示的隐蔽性和间接性，使得我们的防御机制有所放松，从而打开潜意识的一扇窗——这不是我用词谨慎，而是迄今为止我们都无法真正打开潜意识的大门。但正是这一扇窗，能够让我们窥探到窗外那个神奇的心理进程——是的，我没说错，是窗外。借此，我们就可以了解到许多行为的成因，即便那些行为无比古怪、扭曲，在潜意识当中都一定会具有它的合理性，所以，我们才能找到许多心理问题的根源。这个过程正如心理学这个英文词意所表达的那样：psy、cho、logy，连起来就是Psychology——知道心的学说。

"今天的这节课到此为止，谢谢大家。"

十三

完美谋杀

坐下后，他显得有些局促不安，不停地吸鼻子、动手指，或者是神经质地皱一下眉。如果我没猜错的话，眼前的这位中年人正承受着极大的心理压力，并因此而不安。我望向搭档，发现他此时也正在望着我，看来他也注意到了。

搭档："你……最近睡得不好？"

中年男人："不是最近，我有三四年没睡好了。"

搭档："这么久？为什么？"

中年男人："说来话长，"他叹了口气，"我总是做噩梦，还经常思绪不宁，所以我才来找你们的。"

搭档点点头："工作压力很大吗？"

中年男人："不，这些年已经好很多了。"

搭档："家庭问题？"

中年男人："我们感情很好，没有任何问题。我老婆是那种凡事都依附男人的女人，对我几乎是言听计从，很多人羡慕得不得了。我儿子也很好，非常优秀。总之，没有任何问题。"

搭档："噩梦？"

中年男人："对，噩梦。"说到这儿，他的脸色越来越凝重。

搭档："什么样的噩梦？"

中年男人严肃地看着搭档，停了一会儿："嗯……说这个之前，我想问一件事儿。"

搭档："请讲。"

中年男人："行为会遗传吗？"

搭档："行为？行为本身不会遗传，行为心理会遗传，但是那种遗传有各种因素在内，包括环境因素，这是不能独立判断的，必须综合起来看。"

中年男人认真地点点头："原来是这样，看来我找对人了。"

搭档："现在，能说说那个噩梦了吗？"

中年男人："好，是这样：从三四年前起，我经常会梦到我把老婆杀了。"

搭档用难以察觉的速度重新打量了一下他："是怎么杀的？"

中年男人犹豫了几秒钟："各种方式。"

搭档："如果可以的话，能说一下吗？"

中年男人略微有些紧张，并因此深吸了一口气："嗯……我会用刀、用绳子、用枕头、扭断她的脖子、用锤子……而且杀完之后，还会用各种方式处理尸体……每当醒来的时候，我总是一身冷汗。"

搭档显得有些惊讶："你是说，你会完整地梦到整个事件？包括处理尸体？”

中年男人："对，在梦里我是预谋好的，然后把尸体拖到事先准备好的地方处理。"

搭档："怎么处理？"

中年男人："啊……这个……比如肢解，放一浴缸的硫酸，为了防止硫酸溅出来，还用一大块玻璃板盖在浴缸上，还有火烧，或者开车拉到某个地方，埋在事先挖好的坑里。"

搭档："你会梦到被抓吗？"

中年男人："最初的时候会有，越往后处理得越好，基本没有被抓的时候。"

搭档："那你为什么要杀她？"

中年男人看着自己的膝盖，沉默了好久才开口："我不知道……杀人的欲望，真的能遗传吗？"他带着一脸绝望的表情抬起头。

我和搭档对看了一眼。

搭档："你的意思是说……"

中年男人："大概在我9岁那年，我爸把我妈杀了。"

搭档怔了一下："呃，你看到的？"

中年男人紧紧抿着自己的下唇，点了点头。

搭档："他……你父亲当着你的面？"

中年男人："是的。"

搭档："原因呢？"

中年男人："我不是很清楚，但据我奶奶说……哦，对了，我是奶奶带大的。据她说，我妈算是个悍妇了，而且……嗯……而且，我爸杀她的原因是她有外遇。"

搭档："明白了，是在某次争吵之后就……"

中年男人："对。"

搭档："你父亲被判刑了吗？不好意思，我不是要打听隐私，而是……"

中年男人："没关系，那时候我还小，再说那也是事实。判了，极刑，所以我是奶奶带大的。"

搭档："下面我可能会问得稍微深一些，如果你觉得问题让你不舒服，可以不回答，可以吗？"

中年男人："没事儿，你问你的，是我跑来找你们说这些的，尽管问就是了。"

搭档："嗯，谢谢。你对当时还有什么印象吗？"

中年男人："那时候我还小，就是很多东西在我看来似乎……嗯……似乎不是很清晰，或者有些现象被夸大了……你明白我的意思吧？"

搭档："明白，童年的扭曲记忆。"

中年男人点点头："嗯，我亲眼看着那一切发生，印象最深的是：血喷出来的时候像是有自己的意志一样，洒向空中，然后溅到地上。而且……后来我曾经梦到过那天的情况。"

搭档："跟困扰你的噩梦不一样？"

中年男人："不一样，这个不算是噩梦。只是在梦里重现我爸杀……她的时候，血喷到地上并没有停止，而是流向我。"

搭档："嗯？怎么解释？"

中年男人："就好像是血有着我妈的意志……而且我知道血的想法。"

搭档："为什么这么说？"

中年男人皱着眉努力回忆着："就是说，血是有情绪的，它热切地流向我站着的地方，在梦里，我能知道那是我妈舍不得我的表现……这么说可能有点儿古怪。"

搭档："不，一点儿都不古怪，我能理解。"

中年男人："嗯，反正就是那样。"

搭档："那个梦后来再没有过？"

中年男人："本来也没几次，大概从我 30 岁之后就再也没有过了。"

搭档："我注意到从你重现当时的场景到你梦见自己杀妻，中间有几年空白，这期间没有类似的梦吗？"

中年男人："没有，那几年再正常不过了。"

搭档："能描述一些你杀妻的噩梦吗？"

中年男人："我说过的，我几乎用了各种各样的办法来杀她……嗯……你是要我举几个例子吗？"

搭档点点头："对。"

中年男人带着尴尬的表情挠了挠头："说我印象最深的几次吧。有一次是我梦到自己勒死了她，然后把她拖到浴室里。我还记得当时浴室里铺满了装修用的那种厚塑料膜，把瓷砖和马桶还有洗手盆什么的都盖上了，但是在下水口的地方留了个洞。你能明白吧？在梦里我都设计好了一切，就等着实施杀人计划了。我用事先准备好的剔骨刀、钢锯，还有野外用的小斧头把她的尸体弄成一块一块的，大概是茶杯那么大，然后分别装进几十个小袋子里，准备带出门处理掉。这些全做好后，我把铺在浴室的塑料膜都收拾干净，浴室看上去就像是往常一样，很干净，除了下水道口有一点点血迹。"

搭档："在梦里就是这么详细的？"

中年男人："对。"

搭档："还有吗？"

中年男人："还有一次是梦到我把她闷死了，然后装进很大的塑料袋并放进一个旅行箱。在半夜的时候，我拎着箱子轻手轻脚地走楼梯去了车库，把旅行箱放进后备厢，然后开车去了郊外的一个地方，那里有我事先挖好的一个很深的坑。我把尸体从塑料袋子里拖出来，扔进坑里，还扔进去一些腐败的肉和发热剂，最后倒上了一桶水，再埋上……很详细，是吧？"

搭档皱着眉点了下头："非常详细，已经到了可怕的地步。你把尸体直接掩埋，以及用腐烂的肉，还有发热剂、水，是为了加速尸体腐败？"

中年男人："对，就是那样。"

搭档："你在梦里做这些的时候，会感到恐惧吗？"

中年男人："不，非常冷静。好像事先预谋了很久似的。"

搭档："在现实中你考虑过这些吗？"

中年男人："怎么可能，从来不。甚至醒来之后我会吓得一身冷汗，或者……想吐。"

搭档："你的冷静和预谋其实只会在梦里才有，对吧？"

中年男人："就是这样的……我也不明白是为什么，会不会是我说的那样？我的基因中就有杀人的欲望？"

搭档："目前看来，我不这么认为，你父亲杀你母亲并不是为了满足杀人欲望，是因事而起的冲动性犯罪。"

中年男人显得很紧张："不怕你笑话，对那种梦我想过很多，难道说我和父亲都是被某种可怕的……什么东西……操控着，做了那一切？我是不是有问题？我……我……"

搭档："你怕有一天你因为梦到太多次而真的这么做了，所以你才会来找我们。"

中年男人低下头沉默了一会儿："是的，就是这样。有一次在梦里杀完我老婆之后，我抬头看了一眼镜子……到现在我还清楚地记得那个表情，和 30 多年前我父亲当时的表情一模一样……"

搭档看了看他，又看了看我，扬起眉。

我摇摇头，搭档点了点头。

我的意思是今天没办法进行催眠，因为我把握不了重点，他表示赞同。

中年男人走后，搭档歪坐在书桌旁，把一只手和双腿都搭在桌上，闭着眼似乎在假寐。

我靠在窗边看着搭档："看上去很离奇，对吧？"

他轮流用手指缓慢地敲击着桌面："这世上不存在无解，只存在未知。"

我："那，答案……"

搭档睁开眼："答案……应该就在他心底。"

我："嗯，我们开始吧。"

搭档微微点了一下头，眯着眼睛琢磨了好一阵儿才开口："看不出暴力倾向。"

我："一点儿都没有，他说到那些的时候没有一丝兴奋和冲动，只有恐惧。"

搭档舔了舔嘴唇："你觉得像单纯的模仿吗？"

我："行为上的模仿？不像，过于还原了，理论上应该扭曲才对。"

"是啊……"说着，搭档叹了口气，"真奇怪，为什么他会用这么极端的方式表达自己心里的东西呢？"

我："会不会真的是他太太有问题？"

搭档："嗯？应该不会，假如真的是家庭问题，他很容易就找到原因了，也不会这么内疚，你注意到他内疚的表情了吧。所以我觉得他的家庭生活应该是平静并且令他满意的。"

我："那，工作压力吗？"

搭档："也不大可能，他并没提到过工作压力和梦的关系，如果是工作压力或者生活压力的话，他肯定会多少说起一些，但是刚刚他一个字都没提起过，也就是说，工作和生活这两方面没给他造成任何困扰。正因如此，他才会开头就问'嗜杀是否会遗传'这样的问题。还有，他说过有时梦醒后会有呕吐感，这意味着他对此反应是生理加心理的……那个词儿叫什么来着？"

我："你是指行为和心理双重排斥？"

搭档："对对，就是这个。所以我认为原因应该集中在他目睹父杀母上。"

我："不对吧？我能理解目睹'父杀母事件'给他造成的心理打击，但是问题是目前他在梦中重复着父亲的行为，你是说他用迁移的方式发泄不满？可理论上讲不通啊，他怎么会用母亲作为迁移对象来发泄呢？难道说在他的生活中另有女人？"

搭档："迁移？我没说迁移……他生活中是否另有女人……杀妻，然后借此避免离婚带来的损失……不可能，这样的话，这个梦过于直接了……嗯，对，不可能的……"

我："如果是杀戮现场给他留下了扭曲印象呢？他提过血，以及……"

搭档跳起来打断我："啊？啊？你刚才说什么？"

我愣住了："杀戮现场？"

搭档："不不，后一句是什么？"

我："他提过血……怎么了？"

搭档："血？血！该死！我关注梦境本身太多，忽略了最重要的东西。"

我："什么？"

搭档："记得他说过血流向自己吗？他30岁之前梦到过的。"

我："有印象，那个怎么了？"

搭档："听录音你就知道了。"说着他抓起录音笔摆弄了一阵儿后回放给我听。

"……血是有情绪的，它热切地流向我站着的地方，在梦里，我能知道那是我妈舍不得我的表现……"搭档关了录音笔，看着我。

我费解地看着他，因为我没听出这句话有什么问题。

搭档无奈地摇了摇头："他梦里表现最重要的部分并非暴力本身，而是冷静地处理尸体，你不认为这很奇怪吗？"

我："把处理尸体和暴力倾向作为一体来看是错误的？"

搭档："就是这样，不应该把这两件事儿看作一体，杀人是杀人，处理尸体是处理尸体。杀人代表着暴力本身，而处理尸体则意味着别的。如果我没推断错的话，处理尸体本身才是他情感的表现。"

我："你把我说糊涂了，你的意思是他有恋尸癖？"

搭档："不不，你误解我的意思了，我是说，处理尸体这个事儿的结果，而不是心理。"

我："结果？处理尸体可以避免法律责任……啊？难道你是说……"

搭档露出一丝笑容："再想想。"

我仔细理了一遍这句话，然后望着搭档。

搭档举起手里的录音笔，又放了一遍刚刚的录音。

仔细想了一会儿后，我终于明白了："我懂了……你指的是……他提过是被奶奶带大的。"

搭档点点头："正是这个，我忽略的正是这个。"

我："嗯……这么说就合理了。"

搭档："是的……"

我："为安全起见，还是确认一下吧。"

搭档："当然，不过，就是不确认，也基本可以肯定十有八九就是这个原因。"

我："那催眠的重点不应该是梦本身，而是他没有父母后的心理，对吧？"

搭档："非常正确。"

我："嗯，没想到居然会是这样……"

搭档重新把双腿跷在书桌上："是啊……兜了个不小的圈子。"

中年男人第二次来的时候，已经是快一周后了。

搭档："又做那个梦了吗？"

中年男人点了下头："有一次。"

搭档："还是……"

中年男人："对，这次是分尸后分别封在水泥里……"

搭档："那个……我能问一下你小时候的情况吗？"

中年男人："好。"

搭档："你父母对你好吗？"

中年男人："都很好。虽然他们经常吵架，但都是关起门来，不让我看到，而且他们并没把气撒到我身上。所以有很长一段时间，我甚至以为他们是开玩笑。"

搭档："你母亲有外遇的事儿，你察觉到了吗？"

中年男人："没有，我那时候还小，傻吃傻玩儿，什么都不懂，都是后来我奶奶告诉我的。我妈对我可以说是溺爱，我记得有一次我跟别的孩子闹着玩儿，把胳膊蹭破了好大一块，我妈就带着我把那个孩子和孩子的家长一起打了一顿。"

搭档："这么凶悍？"

中年男人笑了下："对，她就是这样一个人。所以你可能想象不到她细声软语跟我说话的样子。"

搭档："你父亲呢？"

中年男人："我印象中，他不怎么爱说话，他喜欢我的表现不像我妈那样搂着、抱着，而是陪着我玩儿，坐在我身边陪着我看书、看动画，只是陪着，不吭声儿。"

搭档："在出事之前，你丝毫没有感受到家庭不和的气氛？就是冷战那种。"

中年男人想了想："我不记得有过，可能是没留意过吧，没什么印象了。"

搭档："出事后呢？"

中年男人停了好一阵儿："之后一切都变了。"

搭档："不仅仅是经济原因吧？"

中年男人："嗯，很多人都会对我指指点点地议论……可是奶奶一个人带我，经济能力有限，又不可能搬家或者转学。虽然小学毕业之后读中学稍微好了一点儿，但是居住的环境改变不了。所以基本上……还是会被人指指点点。奶奶有时候夜里会抱着我哭，直到把我哭醒。奶奶会跟我说很多，但是当时我不懂，就只是跟着哭。"

搭档："她……还在世吗？"

中年男人："去世了，我大学还没毕业的时候就去世了，为此我还休学了一年。"

搭档："你还有别的亲戚吗？"

中年男人："出事儿后，外公和外婆那边和我们就没有任何联系了，也许那边还有亲戚吧。但是没有任何往来，所以也就不知道……"

搭档："你父亲这边呢？"

中年男人："我爸是独子，也有一些远亲，但是自从家里出事儿后，也没任何联系了。"

搭档："可以想象得出……你现在的家庭，怎么样？"

中年男人："我老婆和儿子？他们都很好。嗯……可能是因为我妈那个事儿吧，所以虽然我妈在我面前从没表现出凶悍的那一面，但我很排斥强悍的女人，所以在找老婆的时候有些挑剔，尤其是性格上。"

搭档："你上次提过，你太太是很依附男人的那种女人。"

中年男人："对，她不会跟我争执，生气了就自己找个地方闷坐着，最多一个小时就没事儿了，也正因如此，后来我都刻意收敛一些，尽可能地对她好。"

搭档："你儿子呢？跟你像吗？"

中年男人："长得像，但是性格一点儿也不像。"说到这儿，他笑了一下，"从小我就算是比较听话的那种，但他非常非常淘，而且很聪明。据他们老师说，他从没有哪节课能安安静静上完的，不过他成绩很好，老师也就容忍了，只是私下跟我抱怨抱怨，但从不指责。"

搭档微笑着："这不很好吗？再说男孩不就是这样吗？说起来你的家庭很完美，令人羡慕。"

中年男人不好意思地笑了笑："没那么夸张……也因此，我对于那个梦会……会很害怕。"

搭档点了下头："嗯，好，我都知道了。这样，稍等一下后就进行催眠，然后我们就能准确地告诉你是怎么回事儿。"

中年男人："真的？"

搭档："真的。"

中年男人："今天？"

搭档："对，在催眠之后。"

催眠进行得非常顺利，重点就是上次我和搭档商量过的——失亲后童年的状况和心理。情况基本上和我们推断的一样，也就是说，我们找到了噩梦问题点的所在。

在催眠即将结束的时候，我们保留了他在催眠状态下所挖掘出的潜意识中的记忆。

回到书房后，中年男人一直沉默不语，看上去是回忆起童年的遭遇让他有些难过。

搭档："你……现在好点了吗？"

中年男人："嗯，好多了，没事儿，你说吧。"

搭档："你是不是察觉出原因了？"

中年男人想了想："恐怕还得您来指点一下，我真的不是很清楚。"

搭档点点头，把水杯推到他面前："是这样，稍微有那么一点儿绕，但是我尽可能说详细些，如果你不明白，就打断我，可以吗？"

中年男人："好。"

搭档："你在梦中杀妻，同暴力倾向、遗传，以及目睹父杀母造成的阴影都沾了一点儿关系，但都不是最重要的。最重要的是你渴望自己能有一个完整的童年，就如同你儿子现在一样。"

中年男人盯着地面，默默点了点头。

搭档："实际上，你在梦里杀妻并不是重点，重点在于处理尸体。这部分也是你那种梦最相近的部分，对吧？"

中年男人："对，有时候就是直接面对我老婆的尸体，并没有杀的过程。"

搭档："嗯，这正是我要说的……整个情况说起来稍微有点儿复杂，因为有好多细节和附着因素在其中，我们先说主要的。因为你是目睹着母亲死去，所以你对此并不抱任何期望——期望她复生，这对你来说过于遥远了。所以你把全部期许都放在你父亲身上——你希望父亲没有被治罪，这样至少你还是单亲家庭，而非失去双亲。所以你杀妻的梦的重点就在于处理尸体。在梦中，你把尸体处理得越干净，对你来说就越等同于逃避开法律制裁。也就是说，虽然失去母亲，但你还有父亲。在法律上讲，假如谋杀后可以毁灭掉全部证据而无法定罪，被称为'完美谋杀'。因此，你的梦在着重重复一件事，制造完美谋杀，借此来安抚你的假想：父亲不会因杀妻而被定罪。这样你就不会失去双亲，童年也不会那么凄惨了，同时也不会从小就背负着那么多、那么重的心理压力……我们都知道，所有的指责和议论都来自你父亲的罪。"

中年男人深吸了口气："……你说得对……在我十几岁的时候，我开始有那种想法，但是后来忘记了，我以为……我不会再去想了。"

搭档："你对童年的回忆耿耿于怀，直到现在，所以在考虑结婚的时候，你坚定地排斥你母亲那样的女人，因为你怕会重蹈父亲的旧辙——你深知是母亲的凶悍和外遇造成了这种极端的结果，而最大的受害人其实是你。但同时你又难以割舍母亲曾经对你的关爱，所以有那么一段时间你会做那种梦，你所想的就是你梦里所表达的：'虽然母亲死去了，但是她的血却带有她的意志，热切地流向我，企图给我最后一丝温暖。'不过，当你结婚并且有了孩子之后，你的那层心理欠缺稍稍被弥补了一些——你太太的温婉和家庭所带来的温暖，让你不再对母亲抱有任何幻想和假设。"

中年男人面色凝重地点了下头："你说的一点儿都没错。"

搭档："但是从小失亲和背负指责、议论这一层阴影却丝毫没有减退，反而在同你儿子的对比后更加强烈了。你说过，是在三四年前开始做这个梦的，对吧？那时候你儿子多大？八九岁？"

中年男人："是的，八岁多，不到九岁……和我看到我爸杀我妈的时候差不多大。"

搭档："嗯，所以，你开始重新回忆起童年时期的遭遇；所以，你通过这个梦用这种方式来……就是这样。"

中年男人看着搭档："为什么我的梦竟然用这种方式，而不是直接表达出来？"

搭档："因为你目睹了一切，你亲身经历了那些不该你背负的东西，在现实中你早就已经对此不抱任何期望了，甚至在梦里都是用某种转移的方式来表达出你的愿望……呃……我能提个建议吗？"

中年男人："没关系，你说吧。"

搭档："你从没把这些告诉过你太太吧？其实你应该把这一切告诉她，因为你已经承受了太多不该承受的东西，你背负得太多了。"

中年男人淡淡地笑了一下，摇了摇头，但没吭声。

搭档："好吧，这件事由你来决定。"

中年男人："我老婆是很单纯的那种人，从小生长在丰衣足食、无忧无虑的环境中，所以有些事情还是让我继续扛着吧，我不想让她还有我儿子知道这些，我受过的苦，已经过去了，再让他们知道这些也没什么意义。我知道，跟她说也许能让我减轻一些心理负担，但是对他们来说却是增加了不该承受的东西，何必呢？还是我来吧，只要那个梦并不是我的企图就可以了……对了，你……您觉得，我还有别的心理问题吗？我不会伤害我的家人吧？"

搭档："从你刚刚说的那些看，你没有别的问题了，你是一个非常非常负责的人，也是一个非常非常好的人。"

中年男人不好意思地笑了一下："您过奖了，只要那个……不会遗传就好，我生怕……您知道我要说什么。"

搭档点点头。

我和搭档站在门口目送他远去后才回到诊所。

我边整理着桌子边问搭档："你看到他哭或者明显表示难过了吗？"

搭档想了想："没有。"

我：“他算是心理素质极好的那种人了，我以为他会哭出来的，那种童年……想起来都是噩梦。”

搭档：“他不需要再哭了。他几乎是从小眼里含着眼泪长大的，但我在他身上看不到任何抱怨和仇恨，他也丝毫没提过有多恨那些议论过他的人。从这点上来说，他能平静地面对这些就已经非常了不起了……很男人的那种男人，如果是我，我想我可能做不到。”

我：“嗯……但是他坚持不和家人说似乎不大好，我怕他会压抑太久而……”

搭档：“你放心吧，他不会的。对他来说，那种肩负已经成为动力了，他只会比现在更坚忍。”

我：“嗯，这点我相信……你留意到他开什么车了吗？”

搭档：“没细看，是什么？价值不菲的那种？”

我点点头：“也算是一种补偿了。”

搭档：“不，他能承受一般人所不能承受的，那么现在的一切，就是他应得的。”

十四

摇篮里的
浑蛋

·上篇·

"不是我，是我弟弟。"说着，憔悴的中年女人叹了口气。

搭档点了点头："哦，没关系，方便的话，你先说一下他的情况吧。"

中年女人："他……可能有妄想症。"

搭档："已经确认了？"

中年女人："没有，不过，差不多吧。"

搭档皱了下眉："那为什么不直接去找心理医生呢？"

"因为……这是之前找过的那些心理医生收集和整理出来的资料，都在这里了，我不知道这有没有用。"她从包里翻出一沓厚厚的资料，放在了桌子上，迟疑了几秒钟，"这是所有的资料，之前的心理诊疗都是失败的。"

搭档扫了一眼放在桌上的资料，面无表情地点了点头："你都看过了？"

中年女人："看了一部分……之前找过心理医生，但他们通常在接触我弟弟一次后就放弃了。"

搭档:"为什么呢?"

中年女人:"我只知道其中一个原因。"

搭档:"例如?"

中年女人:"我弟……嗯……骂人……"

搭档:"你刚刚说你只知道其中一个原因,就是说还有你不知道的其他原因?但你是怎么知道还有其他原因的?"

中年女人:"有几个医生晚上打电话给我,说第二天不用去了。我问医生是不是他又骂人了,他们说没有,但是不用去了……具体为什么,我真的不清楚。"

搭档:"原来是这样……你猜测过吗?"说着,他不慌不忙地从桌上拿起那一沓厚厚的资料开始翻看。

中年女人:"我想……也许是他又发病了吧。"

"嗯?"搭档头也没抬,"这倒是新鲜,因为病人发病,医生反而拒绝治疗?你弟弟多大了?"

中年女人:"45。"

搭档:"结婚了?"

中年女人"离婚了。"

搭档:"离婚的原因呢?"

中年女人:"我……我也不是很清楚,是女方提出来的。"

搭档:"有孩子了吧?"

中年女人:"有,是个女孩,现在都很大了,在上高中,但是不认他。"

搭档抬起头："不认？不认识还是说……"

中年女人："她讨厌他。"

搭档点点头："哦……是这样……能多说一些你弟的情况吗？"

中年女人想了想："我们家就这一个男孩，所以从小家里都比较关注他。我妈去世早，因为我是长女，所以差不多在他十几岁起就充当了我妈的角色……我承认我有点儿惯着他，包括我爸对他也是这样。他没考上大学那两年，都是我四处托人给他安排工作，但后来都没做几天就不做了。一方面是他不愿意做，另一方面是那些工作本身也不是很好。过了几年，他考上大学后，我们全家都松了一口气。他毕业后，我们赶紧在老家安排他结了婚。开始几年他还算好，本来我们都以为没事儿了，没想到孩子还没满月他就辞职了，拿着全部积蓄跑来这里，说是要创业……"

搭档愣了一下："嗯？等等。你刚刚说孩子还没满月，他就带着全部积蓄走了？没留生活费？"

中年女人点点头："……这个……没有……我知道是有点儿过分，不过可能是我们那几年为了让他平静地生活，太限制他了吧。所以才……说起来也不完全赖他。"

搭档露出一丝难以察觉的笑容："好，你继续。"

中年女人："嗯。大概孩子 5 岁之前吧，他都没回来过……后来就……嗯……离婚了。其实这也有我们的问题，当初家里就是想让他踏实下来，也没问他是不是愿意，可能他们之间没什么感情，所以才这样的。"

搭档："那几年他在做什么？"

中年女人："不清楚，我见过几张不同的名片，所以我也不是很清楚他到底在做什么。"

搭档："然后呢？"

中年女人："离了婚之后……"

搭档："等等，中间就这么跳过了？离婚的具体原因呢？你刚刚说过是女方提出来的，没有别的了？"

中年女人："因为……大概他没怎么回过家吧……"

搭档："你没问过？"

中年女人："具体没问过，不过好像是我弟打了她……这个不能确定。"

搭档点了点头。我突然对眼前这个女人还有她弟弟厌恶至极。

中年女人："离婚后他好像轻松不少，专心做自己的事业，家里也觉得男孩子就应该去闯荡，这样也挺好，没想到后来出事儿了。据他说交了个女朋友，但是那个女孩不同意……"

搭档："不好意思，还得停一下，有句话我没听懂：他交了个女朋友，但是女孩不同意？这是什么意思？"

中年女人显得有些尴尬："就是说……那个女孩……不是很愿意……"

搭档皱着眉看着她："这不算是交女朋友吧？这算是你弟纠缠人家吧？"

中年女人垂下眼睑，沉默了好一阵儿才开口："嗯，是有点儿问题……"

搭档："好吧，接下来？"

中年女人：“他可能找那女孩找得有点儿频繁，后来女孩报警了……这部分资料里面有。”她对着桌上那沓厚厚的资料扬了扬下巴，“其实本来也不是什么大事儿，但是正好赶上报警的时候他打电话给那个女孩来着，那女孩比较坏，就用免提给警察听，也凑巧那天他心情不大好，就说了一点儿脏话，结果……”

听到这儿，我有点儿按捺不住了：“凑巧？是一贯如此吧？”

中年女人：“这个我就不清楚了，可能他那时候就有点儿不大正常了，但他原来真的不这样的。”

搭档瞪了我一眼，接下话茬儿：“你先接着说吧，我们想在见到他之前多知道点儿信息。”

中年女人点了点头：“结果警察就把我弟抓了，大概关了半个月后放出来的。我接他出来的时候，他哭了，看来受了不少罪……唉……现在的女孩太坏了……这么点儿事儿就……报警，有什么不能好好谈的……”说到这儿，她眼圈红了。

搭档把纸巾递了过去。

中年女人缓了一会儿，然后接着说了下去：“当时我弟工作也丢了，我们就让他休息一段时间，换换心情。结果我弟脾气有点儿直，咽不下这口气，没几年又跑去找那个女孩，其实那次找她只是想让她道歉。”

搭档：“道歉？你弟弟让那个女孩道歉？”

中年女人：“就是哪怕象征性地道个歉，没别的意思。但我真不知道现在的女孩都是怎么了，让我弟弟被抓我们就不计较了，但是她一句道歉的话也没有，据说态度还很恶劣，我弟弟可能是在气头上，也可能是发病了，没忍住就打了她几下……后来，那个女孩家里人来了，又报警了……"

搭档："在什么地方打的？"

中年女人："这个……具体我也不清楚，是在街上吧，我不知道。"

搭档："为什么你这么轻描淡写？一个30多岁的男人对一个刚毕业的年轻女孩纠缠个没完，然后对方报警了，你弟因此当街打她……你不觉得这事儿有点儿过分吗？"

中年女人想了想："可能是稍微有一点儿过分，但他是个病人啊，那个女孩肯定刺激他了……"

搭档打断她："你父亲知道这件事儿吗？"

中年女人："第一次不知道，第二次知道了。"

搭档："你们告诉他的？"

中年女人："不是，是女孩的父母查到了我家电话，然后打给我爸的，让我弟别再……嗯……纠缠她……"

搭档："你父亲怎么说的？"

中年女人："我爸当时倒是很清醒，提醒对方不要干涉年轻人的感情问题，让他们自己解决就好了……"

我有点儿听不下去了，于是拿起桌上那沓资料随手翻看了一会儿，发现这些资料大多是之前的心理诊疗者所收集来的，里面是一些人对中年女人的弟弟的看法。

"他很狂妄，刚愎自用。"

"他是疯子。"

"他用尽各种办法骚扰我，电话、短信、传真、邮件，甚至还骚扰我身边所有的人，并且编造肮脏的谎言诽谤我。"

"他从没成功过，但是假如你听他描述，会以为他曾有过辉煌的过去。"

"据我所知，他只会欺负女人，甚至当街动手打——当然，只限女人。"

翻看了数页资料后，我大体了解到了资料中所提的究竟是一个什么样的人。

中年女人："……所以说他因为这件事受的打击太大了，之后就再也没去找过那个女孩，一心扑在事业上。在我弟第二次被抓之后，我曾经跟那个女孩谈过，央求她换个工作单位，然后改个名字，这样我弟就找不到她了，也就不会有麻烦了。"

搭档笑了："你让那个女孩改名字？"

中年女人："我当时真是求着她说的，之前的事儿都没计较，我只是不想再让我弟惹事儿了，我们家就这么一个男孩……"

搭档："这个……我能说下自己的看法吗？"

中年女人："嗯，您说吧。"

搭档："我觉得你的要求有点儿过分。"

中年女人："可能吧。但是我弟弟有妄想症，精神上不是很正常，所以不能用……"

搭档再次打断她："那当时为什么不带他去看一下呢？"

中年女人："那时候我们还没意识到这个问题，所以也就没找。"

"什么时候你们开始觉得他不正常的？"说完，搭档扫了我一眼，用微笑暗示我要保持平静。

中年女人："3年前吧。那时候他决定自己创业，跟我借了不少钱。"

搭档："大概多少？如果你觉得这属于隐私，可以选择不说。"

中年女人："80多万。"

搭档："你的积蓄？"

中年女人："嗯，那时候我和我丈夫开了一家玩具厂，做得还算不错。另外，他还跟别人借了一些，包括我妹妹和一些亲戚。"

搭档："你先生知道你借钱给他吗？"

中年女人低下头，叹了口气："不知道……因为是我管账，他通常不问。"

搭档："后来知道了吗？"

中年女人："知道了……"

搭档："怎么知道的？"

中年女人："因为资金周转问题，厂子倒了……本来就是小厂。"

搭档："你和你先生的感情受到影响了吗？"

中年女人的眼圈又红了："我们离婚了。"

搭档："你弟弟拿着那笔钱去做什么了？"

中年女人："他真的是去创业了，不是乱花的。但是那几年很不顺，加上有人诽谤他的企业，所以一直不是很好。我弟还报过警，但是那些警察根本不管，说没有证据……"

搭档："诽谤？是真的有人诽谤吗？"

中年女人："应该是……吧……他说有。"

搭档："是他跟你说的？"

中年女人："对。"

搭档："你有没有想过，所谓的'诽谤'也许并不存在，只是他的妄想症？"

中年女人："想过……"

搭档："然后？"

中年女人："虽然我也怀疑过，但觉得不大可能。"

搭档："为什么？"

中年女人："因为他那阵子忙得焦头烂额，但是企业就是做不好，我也觉得是有人从中作梗，才会这样的。"

搭档："我能问一下他开的公司是做什么的吗？"

中年女人："具体我不大清楚，我只知道其中一项是给那些企业家和知名人士出书。"

搭档："出过吗？"

中年女人："嗯，有一本……"

搭档："是谁？"

中年女人说了一个名字，搭档皱着眉想了会儿，然后望向我，我摇摇头表示没听说过。

搭档："除此之外呢？"

中年女人："其他的我就不知道了。"

搭档："嗯……那么他后来感情上没再有什么吗？"

中年女人："这个我不大清楚，他也不怎么跟我说，应该是有的。"

搭档："为什么这么说？"

中年女人："有时候逢年过节他回家时，经常半夜发短信，我曾经问过，他说是一些无聊的女人骚扰他。"

搭档："哦……你弟现在在做什么？还在经营那家公司？"

中年女人："他公司后来欠债倒闭了。"

搭档："欠债？"

中年女人："就是当初他向亲戚借的钱，还有银行的一些，那都是小钱儿，信用卡透支而已。除此之外好像还有那本书的问题。因为印刷厂总是找麻烦，所以那本书没印完，就因为这点儿事儿，那个出书的企业家准备起诉我弟。"

搭档："你弟现在在老家？"

中年女人："不，在本市租房子住。"她说了一个离市区非常远的地名。

搭档点了点头："嗯，这样吧，回头我们看下资料，你明天……下午，带他过来，我跟他本人接触下，你看呢？"

中年女人满怀希望地看着搭档："好！"

中年女人走后，我直接问搭档："资料你没看？这么一个肮脏的、垃圾般的浑蛋……我搞不懂你为什么要接下来。"

"他是什么样的人关我什么事？我们的职业不允许因产生好恶情绪而失去理智。"我那个贪婪的搭档把钱收到抽屉里。

我有点儿恼火："真打算接这个棘手的活儿？你别忘了，之前的心理咨询和诊疗全部失败了。"

搭档抱着肩靠在书架上，一脸的悠闲自得："我猜他们之所以会失败，是因为产生了情绪，因此也就忘记了那个最重要的目的。"

我："什么？"

搭档："分析也好，催眠也罢，我们的最终目的，并非要知道'他有多浑蛋'，而是'他为什么成了一个浑蛋'。"

我："这还用问？不是明摆着吗？都是他家里……"

搭档："等等，先别发火。你忘了吗？如果他真的有妄想症，那么一切都是可以理解的，明白？我指的是病因。"

我依然没消气："我以为你有自己的原则，没想到……"

搭档似笑非笑地看着我："我当然有自己的原则，但我从没忘记我该站在中立、客观的角度看待问题，否则是看不完整的。这个事儿等最后你就明白了，只是我需要见到他本人后才能确定。"

我："确定？你认为他真的有精神问题？"

搭档："不，是别的，你没发现吗？"

我："发现什么？"

搭档："好吧，到时候你就知道了。"说完，他得意地笑了。

资料1

性别：女　年龄：29岁　同被调查者关系：曾同事

注：内容全部来自电话录音，受访者拒绝面谈（以下部分略去提问问题）

"好吧，我接受，你要问什么？

"嗯，对，当初两次都是我报案的。

"你想象不出当时的状况，那会儿我才刚刚毕业，什么都不懂的孩子，他当时是我同事，每天疯了一样骚扰我。

"不，他没能把我怎么样，但必须说明，那是我反抗的结果，他企图性侵我很多次了。原来经常找理由让我去他办公室，并且关上门，你知道那时候他在做什么吗？他伸出手要抓我头发……你想象得到吗？在办公室，白天，外面就是同事！

"我的反应？你认为呢？我抓起烟灰缸差点儿砸过去……报案？那时候我才出校门，什么都不懂，怕得不行。

"疯？不，他没疯，他做这些的时候都是非常清醒的……例如他会在下班的时候堵截我，假如有人干涉或者有人在场，他就做出一副无辜的样子，就像是男女朋友吵架一样，但假如没人在，他就完全变了一个人。为此他还动手打过我……当然，你以为他被拘留放出来后是第一次打我？之前就有。

"嗯，那次是他要我去他家，我不去，就那么在街上拉拉扯扯的，后来我喊'救命'，有路人停下看是怎么回事儿，结果他抬手就是一个耳光，然后骂骂咧咧地走了。

"第二次是他抓住我的手腕要跟我回我租住的地方，走了快十公里，后来我手腕青了好久。当时他要跟着我上楼，我就在楼下等我舍友，死活不上去，他又是一个耳光……后来还是我舍友的男朋友来轰走他的。他知道舍友的男朋友不住在这里后，就经常来骚扰，半夜砸门，骂极难听的脏话……每次时间都不长，他怕我们报警。

"他半夜打电话、发短信，从没停过，每次都是说脏话、说下流的内容。这还不算什么，在我的入职登记表上有我爸妈家的电话，他还会打给他们，谎称我有孩子了，他要对我负责，这些是我后来才知道的。如果说真有病的话，应该是我快被他逼疯了才对……我爸妈当然管过，他们曾经抱着沟通的态度给那个畜生他爸打过电话，结果他爸居然装傻，说自己老了，听不见了，然后把电话挂了。等以后再打，就骂我淫荡，勾引他儿子又不负责。那个畜生知道后，就想尽办法骚扰我爸妈，还发匿名传真、邮件。我讨厌说脏话，但是提到那个畜生，我只能用脏话才能表达出自己的情绪……嗯，我爸妈说过让我离开这个城市回去，但是我凭什么回去？就因为一个浑蛋、垃圾、人渣，我就要放弃我的梦想？凭什么？

"你不明白，因为工作性质，我的电话不可能被彻底隐藏，他总能找到……请你站在我的立场——我为什么要因此换别的性质的工作呢？这是我的错吗？

"我接受你的道歉。第三次打我是在我新工作单位的门口，当时已经过去5年了！我没想到他又出现了，就像是一个噩梦。他来的时候把手机和笔记本电脑丢在了公交车上，而他出现在我面前时，劈头就是一句'如果不是来找你这个婊子，我就不会丢了那些东西！'这就是他的逻辑！然后抓着我几乎是拖着走，我拼命挣扎，最后还是有路人制止，然后他抡圆抽了我一个耳光，我当时都被打蒙了，直接摔倒，鞋也掉了，手里的东西散了一地，他告诉我这事儿没完，然后又是骂骂咧咧走了。正因如此，我才第二次报警，他又被抓了。

"不不，他非常清醒，假如你看过他半夜发给我的短信，你就会知道。我已经保留了上千条，都拍照存下了，包括邮件……你能想到吗？一年前那个垃圾还在用短信骚扰我……对，就是去年……从我出学校开始工作，他骚扰了我7年！这7年我换了无数个电话号码，家里也跟着换了电话号码，我不敢一个人下班，不敢接陌生电话，不敢交男友……换成任何一个人，突然看到那些变态短信，会怎么想？我这辈子能有几个7年……这些在当地派出所都有备案，你去问他们吧，我能保持理智跟你说这么多已经很不容易了。如果你想问我对他是否有病怎么判断，我可以很明确地告诉你：'他所做的一切自己都非常清楚。不好意思，我不想再说了……'"

资料2

性别：女　年龄：32岁　同被调查者关系：曾同事

注：内容全部来自电话录音，受访者拒绝面谈（以下部分略去提问问题）

"对不起，我也是没办法……

"我知道他一直骚扰她，但是他经常半夜打电话给我索要她的电话号码，我实在受不了了，所以就……我知道很对不起她，可是……如果不给他号码，他就会骚扰我……用各种方式，甚至半夜发短信骂我，我实在是受不了了，所以……

"嗯，他很狂妄，刚愎自用。

"被抓？我知道……对，是两次，听原来单位同事说的。

"对，情况就是她说的那样，当时闹得沸沸扬扬的，所以我才会从原单位辞职……我只是想在麻烦找上门之前赶紧走掉……"

资料3

性别：男　年龄：37岁　同被调查者关系：曾合伙人

注：面谈（以下部分略去提问问题）

"对，我们是开过这么一家公司。

"是我主动撤资的……这个嘛……其实没那么复杂，只是因为我发现他不大靠谱而已。

"例如？例如他在描绘的时候会说得很好，很多责任都由他自己来承担，但当实际做的时候就完全不是那么回事儿了，他什么都不会承担，也不做，而是让别人去做，他只会说空话……嗯……就像他自己说的，他说自己是指点江山的。我觉得这事儿很搞笑，先得自己打下江山，才有资格指点江山吧？凭什么人家打下江山后让你来指点？另外就是，他似乎专门招聘刚毕业的女孩到公司……嗯……然后变着法地骚扰那些女孩，我撞上过不止一次……听说他在原单位就是因为骚扰女同事被开除的……

"提醒过，提醒过几次后我觉得势头不对，他的全部心思都放在骚扰女员工身上了。正好那时候他好像从家里拿了点儿钱，我就借口手头周转不利，要求撤资。

"没有，没全要回来，大部分吧。算了，就当给自己买个教训了，之前过于相信他所说的了。后来我打听了一下，发现一个问题——他从来就没成功过，但是假如你听他描述，你会以为他曾有过辉煌的过去……什么？哦，那我不知道，你真是心理诊疗医生？你是搜集证据的私家调查公司吧？

"哦哦，债务的事儿我不清楚，那会儿我早不在了。他这个人吧……怎么说呢，据我所知，他最大的理想是成功创建一家全球性质的大型跨国企业，并且在纳斯达克上市，然后他就退居二线，整天闲云野鹤、诗词歌赋，这就是他的最终目标。当然，他为此而付出的努力只是用嘴说说！哈哈哈哈哈！"

资料4

性别：男　年龄：26岁　同被调查者关系：曾公司员工

注：内容全部来自电话录音，受访者拒绝面谈（以下部分略去提问问题）

"好，传真我看了，你问吧。

"哦，这个事儿啊……嗯……没关系，方便，反正我已经不是他的员工了，我不怕。

"对对，没错，是这样，被抓的事儿我知道……啊？我不知道那是第二次……据我所知，他只会欺负女人，甚至当街动手打——当然，只限女人。

"听说过骚扰公司女同事，有时候一些刚毕业的女孩来公司工作，没多久就走了，但我们最初都不清楚到底怎么了。后来我无意中遇到过一个女孩，我出于好奇问过她怎么就走了，结果那女孩说是受不了他骚扰……我听公司的人私下说过，他开公司的乐趣似乎不是挣钱，而是……你知道我指的是什么吧？

"发展？那个公司没发展，别人我不知道，反正我离开的原因是欠薪，不光是我，好多人都是这么走的。

"诽谤……嗯……这个吧，不算诽谤，真的，我真的这么看……为什么？因为一直在各种网站发消息说他不好的人都是被他欠薪的人啊！其实这么说吧：他的公司早晚会完蛋，跟别人无关，是他的问题，因为他根本不管业务这块，就是画个饼说一些美好前景之类的空话，然后甩手走了。底下的人当然什么都不明白了，所以也就没人能做好，这不很正常吗？

"钱？具体我不知道，但是好像都花在给他个人做专题和采访上了……对啊，就是那种你花钱给你几十分钟访谈的烂电视栏目……都是在不起眼的频道和夜间播出，呵呵……

"对对，他比较喜欢出风头，所以钱都花在那上边了。

"嗯，差不多是这样吧。对了，我给你爆个料吧，公司根本没财务人员，都是他自己来，所以钱这块儿没人清楚怎么回事儿……报税每年都是请会计核算报税什么的……外面人当然不知道了，印刷厂的人来催款，他总是说财务出去了，然后就赖着呗。当时我们在办公室外面听着，就觉得又好气又好笑，他都不给员工发薪水，你说能给印刷厂结账吗？！"

剩下的资料我没再细看，都是匆匆翻了过去——没必要细看了，内容都差不太多，而且我怕再细看下去会让自己产生暴力倾向的情绪。也因此我更不明白搭档为什么还要接下这单，并且还要见这个人。

搭档接过资料后，用几倍于我的时间把它看完了。

他把资料放在桌上，笑眯眯地看着我，脸上带着一种好奇的神态。

我注意到这点了："怎么了？"

搭档："明天不需要你做催眠。"

我没好气地告诉他："恐怕我也做不了，我情绪有问题。"

他笑了："我很少见你有这么强的情绪。"

我："因为我还是一个正常人。"

搭档大笑起来："你是说我不正常？"

我："我只是不明白你到底要做什么。"

搭档没吭声，笑着拿着我的杯子接了杯水，然后放到我面前："明天，明天就清楚了。"说完，他把双手插在裤兜里，去了书房。

十五

摇篮里的
浑蛋

·下篇·

第二天下午，中年女人带着她弟弟如期而至。

搭档把他单独领进书房，并告诉他姐姐："请在催眠室等一会儿。"

进了书房后，他四下张望着。

他看上去有 40 多岁的样子，个子不高，很瘦，有点儿驼背，头发很长，脸上有种不屑的神态。

上午的时候，搭档无数次提醒我："你必须保持冷静的态度，假如你没法做到这点，那么就不要说话。"

我选择沉默。

搭档："坐吧。"

他点点头，又东张西望了一会儿后才坐下。

搭档注意到他在看书架上的书："都是些零七八碎的书，别见笑。"

他开口了，声音听上去有气无力，还有点儿尖细："嗯，我没打算看。你们这里不是心灵诊所吧？"

搭档："没有心灵诊所，是心理诊所。我们这里不是。"

他："其实应该有心灵诊所，等以后我的企业做起来，我准备开一家。"

搭档："心灵诊所？打算做什么内容？"

他："净化心灵，给人更高的境界。"

搭档保持着笑容："什么样的境界才算更高呢？"

他："现在的人，心思都太坏了，整天想着挣钱，但是几乎完全忽略掉了自我修养和自我素质。你不懂我在说什么吧？我说的是修心，这回你能明白了吧？"

搭档："嗯，听懂了。但是，怎么修心呢？"

他："当然是我来讲解，我会告诉他们人生的更高境界、更高智慧是什么。比如说，通过关注那些成长中的企业家、关注文化产业、给新人创造创业机会，等等。"

搭档："听上去像是个风险投资的评估机构。"

他笑了："你不懂，这其实就是一种修心，目的是让自己放下心理上的那个高傲的架子，通常越是有成就的人越没有架子。长久以来，我一直在注重自己的修心，所以等将来我功成名就的那一天，我早已经不需要修心了，因为我一直都在修心。"说完，他满意地点了点头。

搭档："听上去很不错，在成长的过程中自我修行。"

他："当然，这是一件非常重要的事，我在各种场合都反复强调过这点。"

搭档："各种场合？媒体？"

他："我不屑跟媒体说这件事，是和一些朋友……不过关注的人太少了，大家都忙于现实和金钱，可是，那有什么用呢？钱再多你能怎么样？不还是每天三顿饭、睡觉一张床吗？所以我说那些都是没用的。不过所幸的是，毕竟有些社会名流还是听懂了我的意思，并且在按照我吩咐的做。"

搭档："哦？都有谁？"

他轻描淡写地说了几个知名企业家和著名风险投资人的名字。

搭档看上去有些惊讶："他们都很信奉你的……呃……修心理论吗？"

他带着一种深藏不露的笑容点了一下头："在他们看来，我差不多是心灵导师吧。当然了，人家有自己的地位，让他们公开承认这点是很难的。没关系，我不会计较这些，只要有人能得到真传，我就很欣慰了。"

搭档："嗯，这个可以理解。你自己的企业呢？做得怎么样？"

他显得有些无奈："我可能是太注重于修心了，有些事情我没怎么参与，想放手给一些年轻人打拼的机会。你知道人年轻的时候最重要的是什么吗？是有个拼搏进取的机会，而不是高薪厚禄，但是真正懂我心意的年轻人太少。不过，即便如此，我还是放手让他们去做，做好做坏没关系，我不计较……可能是这个因素吧，我的公司并不太好，所以我把公司暂时关闭一下，以后有机会再说，而且现在暂停公司业务也能避避风头。"

搭档："避避风头？"

他："树大招风，你不到那个境界是没办法知道的。自打我成立企业以来，就不停地被人诽谤、中伤，有些事情我看在眼里了，但是并不打算真的去计较。你想想，蝼蚁怎么能撼动大树呢？虽然我也曾经报过警，那只不过是想吓吓他们，假如我真打算有什么动作的话，我肯定去搜集证据。

你不知道，那些事情太分神了，所以我懒得弄，有那个时间练练书法、看看书，我才不会往心里去呢。"

搭档："嗯，是的……你公司规模最大的时候有多少员工？"

他笑了："你见过真正的精锐企业会有上千人吗？那是臃肿架构，非常不利于发展，我不需要那么多人，但是我找的人都是精英，虽然有些人刚毕业，还没露出锋芒，但是我会给他们机会，让他们展现自己的才华。就像《三国演义》里的刘备，他本身没什么本事，就凭着信念和仁厚，让那么多优秀的人才聚集到自己麾下。这就是人格魅力。"

搭档皱了皱眉："刘玄德不是你说的那样吧？史书上描述过他的组织能力很不一般，而且蜀汉的大多数征战都是他亲自指挥的。除此之外，他还有点儿先天条件，例如汉室宗亲的身份一类的，所以能有号召力。《三国演义》里把他描绘得比较弱……"

他不屑地挥动了一下手臂："你读书读得不精，其实更主要的还是他的个人信念。"

搭档："嗯，好吧……对了，听你姐姐说，你的个人感情问题似乎不是很好？"

他："我承认，的确是还没有归属，这是几方面造成的。一是我事业心太重，把精力都放在这上面了。现在的女人你又不是不知道，她们总是纠缠着让你陪，我哪儿有那么多时间？二是好多女人看中我的公司和地位，所以……"

搭档："稍等一下，你的公司不是关了吗？"

他："对啊，但是我整个系统的构架还在啊，你知道多少人盯着我规划好的前景吗？当然，现在时机还不够成熟，所以我暂时放一放。目前包括很多风险投资人和知名企业家都想来捞一把，用自己企业的股份来换取我企业的股权，他们太可笑了。我通常会放出话：'我对你的产业没兴趣，如果你非要换，那么就用你的40%换我的10%，另外再有10%或者5%归到你个人名下。'我这个条件细算起来非常大度，并不苛刻。"

搭档："他们同意吗？"

他："那些人都很贪婪的，他们想尽办法要更多，所以都拖着，想拖到我松口，但我就是不松口。为什么呢？你想想看，我要做的是文化产业，这个产业是无边的啊，我敢说只要有文明的地方，我都可以插一脚。长久以来我一直在说，文化产业才是真正的产业，其他都是垃圾！我为此精心构思了好几年，别看现在公司关了，但等我想做的时候，只要两千万元，就能横扫整个文化产业圈，包括财经类的媒体和产业，用不了两年甚至可以把财经巨头扫落马下，这不是我在吹牛，我早就计划好了……"

搭档："那你打算从什么开始做起呢？"

他："当然是先集合优秀的企业家来共同参与。"

搭档："不不，我指的是：你，怎么做。"

他："这个我肯定是先从自身企业文化开始做。"

搭档："例如？"

他："嗯……先构架出我的企业结构……"

搭档："稍等啊，你构建了企业规模和目标，但是还没构架出企业的结构？"

他："这不是随便构架的，要有优秀的人才，要有那种有舍己信念的人才。我已经物色好了一些，现在正在谈。"他随口说了几个知名的企业高管和职业经理人的名字。

搭档："谈得怎么样了？"

他："要想说动他们需要时间，我会潜移默化地去影响。现在我手机里就有他们的电话，我随时可以联系他们。"

搭档点了点头："嗯……明白了……对了，我们刚才说的是你的个人感情，现在好像跑题跑了很远，对吧？"

他笑了笑："你看，我这个人就是比较注重事业，说着说着就这样了。"

搭档："嗯，那感情问题可以说吗？"

他："当然可以，我从来不避讳这个问题。我刚刚跟你提过的那个名单里有女人，你注意到了吧？其中不乏我的追求者，但是我觉得她们动机不纯。她们更倾向于我未来的光环，而不是我本人，所以我对此的态度还是比较谨慎的。长久以来，我一直认为感情其实是可有可无的，我可以放弃掉我的个人感情，可是那些女人……唉……不说也罢。"

我突然发现，他似乎把这次对谈当成了采访。

搭档："你前妻呢？是个什么样的女人？"

他对这个问题显得有些措手不及："啊？嗯……我没结过婚……"

搭档："不是都有孩子了吗？"

他迅速恢复到常态："当时我很反对要孩子，但是她为了嫁给我，自己一意孤行，坚持要生下来，甚至还骗我，最后我是在不知情的情况下，被她偷走身份证和户口本去登记的，但是从实际角度出发，我并没有真正经历过婚姻。"

搭档皱着眉拿起面前的资料:"你姐不是这么说的,而且你有几年一直在老家过着很平静的家庭生活,不是吗?"

他盯着搭档停了一会儿:"你不要听那些女人胡说八道,我说过,自打我开始创业以来,很多人都为此眼红、妒忌,并且编造了很多中伤和诽谤的言论,四处造我的谣……"

搭档打断他:"你姐姐呢?也是那种胡说八道的女人?她因为借给你钱的事而离婚了,你知道吗?"

他:"我不好评价我姐和我姐夫的感情问题,但是你看事情只看了一面。假如我没有被人拆台而成功了呢?我会分给她红利、会给她利息,其实她这就相当于投资,必定有风险……"

搭档:"那你的孩子呢?我们先不说你是否有过婚姻的问题,孩子是你的你可以肯定吧?你照顾过她吗?或者关注过吗?"

他低下头想了想,叹了口气:"我不是一个好父亲,我亏欠她太多了,可能是我过于注重事业,忽略了……不过我打算将来让她持股,这样也算给她一个补偿。"

搭档:"持股?"

他抬起头:"对,我要做的是文化企业中的航母,将来必定上市。虽然目前遇到不少挫折,但是我离成功其实就差一步。不过我并没忘记创业初期的艰辛,大约在两年前,我曾经给总理写过公开信,呼吁他关注创业企业家成长……"

搭档抑制住话题的偏离:"不好意思,打断一下,我们现在在说你的个人问题，我想知道你是否承担过做父亲的责任？"

他愣了一下："我刚才说了，我关注事业太多了，所以没……"

搭档再次打断他，并且重复了一遍问题："你，是否承担过做父亲的责任？"

他："我的确做得还不够……"

搭档并没打算就这个问题让步："不够，还是彻底没承担过？"

他："虽然没有实际承担过，但是如果从心理角度看，我几乎每天都在关注，但是我没法就此分神，也不可能分身……"

搭档点点头："我懂了……就是说你从未承担过一个父亲应有的责任。也许你并不承认之前的那段婚姻，但是在你前妻生完孩子之后，你对她有过关心和照顾吗？"

他："从某个角度讲，我真的很关注她。那会儿我还小，不懂什么是感情，只是觉得两个人既然在一起了，就要好好在一起，我对待什么事情都是认真负责的态度。但是对于怀孕的事情，她一直瞒着我，我对此很气愤！身为一个女人，怎么能这么欺骗别人呢？怎么能这么放纵自己而任意践踏别人的未来和创业精神呢……"

搭档："那，你对你姐呢？没有愧疚吗？"

他对这个问题显得很冷漠："那些我会补偿她的。"

搭档瞟了我一眼，点点头："听说你母亲去世得很早？"

他："对，我 10 岁左右，我妈就去世了。"

搭档："你母亲很疼你？"

他此时稍微显得有些动情："我妈特别疼我。记得小时候她见不得我哭，只要我一哭闹，无论要什么，她都会满足我。"

搭档："你姐姐对你不好吗？"

他："我心里明白她为我做了很多，那些我会补偿的。"

搭档摇摇头："不，我问的是：你认为，你姐姐对你好不好？"

他迟疑了几秒钟："挺好的吧……"

搭档："因为借给你钱，你姐离婚了。你会为此感到愧疚吗？"

他："我已经说过了，等我的企业做起来之后，我会补偿她一切，都说到这样了，还不够？"

搭档："如果你的企业没做起来呢？"

他连想都没想："不可能，一定会做起来的，只需要两千万的启动资金。当然了，第二轮融资我会变通一些，把条件降低，不那么苛刻，这样就能让更多的企业家和投资人都分一杯羹，我绝不会以高傲的态度来拒绝，还是要给别人一个机会的。长久以来，我一直坚持走低调和谦卑的创业路线。当然，第一笔投资除外，这点上我坚持我的原则……更多的我不能再说了，因为我不想把这艘文化产业航母详细拆解说给你听，这算是顶级商业机密。"

搭档对他的挑衅丝毫没有反应："离婚后你有过感情生活吗？"

他："没有，我专注于事业本身，个人感情问题已经被我抛之脑后。"

搭档："那你两次被拘留是怎么回事儿？"

他："你真的不知道这行有多乱，那都是诽谤的一部分而已，我早就习以为常，可能你会觉得很不可思议。"

搭档看了一眼手里的资料："可是你第一次被拘留不是在你创业之前

的事儿吗？"

他做出恍然大悟的表情："哦，你说的是那次啊，那次是我信错了人。"

搭档："嗯？什么？"

他深深叹了口气："我原来的单位有个女孩，我觉得她很有潜力，一心想提拔她，但是没想到她却因此对我产生了感情，总想用肉体来报答我。当时我就觉得不对劲儿了，为什么这个女孩会有这种龌龊的想法呢？我很莫名其妙，但是你不能了解到她对此的反应，她居然会恼羞成怒！你看看，这个女孩是不是很有问题？我一再拒绝她后，她就开始含沙射影地跟别人说我怎么怎么样了。对此我觉得很好笑，但是我并不怕，身正不怕影子斜，我该在工作中帮助她还是会无私地去做，但是个人情感问题我彻底拒绝。你知道吗？她曾经拉着我要我去她住的地方，我拗不过就去了，但是我绝对没进过门，当时我在楼下和她谈心，想让她明白我之所以关注她，是因为我希望她有一天能成长起来，成为一个了不起的人才。那会儿可能是感动她了，她说她希望一生以我为师，我想了想，也就没拒绝……"

很显然，搭档也有点儿听不下去了："那因为什么被抓的？"

他冷笑了一下："后来她反复骚扰我不成，就恼羞成怒，找警察诬告我骚扰她。"

搭档："警察就相信了？没有取证？"

他："我不知道警察是怎么搞的程序，但是我可以肯定一点：她一定是靠出卖肉体才让警察拘留我的。"

搭档："你打过那女孩吗？还有，她说手里有好多你半夜发给她的短信截图，都是污言秽语，这个是怎么回事儿？"

他有点儿慌乱："她截图了？这个女人心思太坏了……"

搭档："这么说是真的喽？"

他沉吟了几秒钟："那是我实在气不过了，因为她虽然已经辞职，但是却依旧没完没了地骚扰我，我忍无可忍，最后破口大骂。你想，我这么一个有素质的企业家，同时我还研究宗教和人文，我都忍不住了，这事有多严重……"

搭档："那你第二次被拘留呢？"

他："她听说我开了公司后，几次都暗示想在我手下工作，我怕她旧病复发，都婉拒了。结果她又恼羞成怒，还是走原来的老路：出卖肉体给警察，换取对我的拘留……"

搭档："你骚扰了她 7 年，对吗？"

他再次显得有些慌乱："我……我最初是想给她一个教训……"

搭档："因此在街上动手打一个女孩？只是因为她不顺从你？"

他："我……并没有真的打……只是随便挥了下手恰好打到了……再说我只是想聊聊工作，比如在一个安静的环境下，我住的地方就很安静的……其实我就是觉得她莫名其妙的反抗让我很反感……"

搭档："你不觉得这跟你之前说的对不上吗？"

他："但一个长辈，邀请自己下属跟自己回家谈谈工作，有什么不可以的？"

搭档反问："你有权邀请，别人就有权拒绝，这不对吗？"

他："我只是觉得她不该那么反抗……再说她也骚扰我了，我还被抓过两次……"

搭档："可是，不止一个人说是你骚扰那个女孩。"

他："那都是她用肉体换来的伪证……"

搭档抬了抬那沓资料："这个你没看？原来的心理诊疗师收集来的？"

他："我从来不看伪证。"

搭档耐心地向他解释："证明你骚扰女孩的人也是女人。"

他不屑地哼了一声："那就是她拿钱买通的。"

搭档："这份资料里提过，你骚扰的女孩不止一个。"

他拢了一下长发："女人统统一路货色，手段也是千篇一律，都是用出卖肉体来诽谤我。"

搭档："那为什么要诽谤你呢？"

他："无非就是想追求我，但不能得手，然后就用各种手段……"

搭档："有个情况是这样，在资料的记录者里，有一个我认识的人，毕竟都是同行。昨天晚上我打电话问了一些情况，他发给我几个女孩交给他的一部分图片资料，我看了，大多是短信和邮件截屏，我留意到你曾经在半夜的时候给那几个女孩发送了大量短信，内容都是很露骨地描绘男女之事，看上去既不像你气愤时的表现，也不像你的规劝，这是怎么回事儿？"

他仰起头看着搭档："那些都是她们骗我说的，因为我气起来什么都顾不上了，可能不大受控制。"

搭档："不，我可以看到那些信息的内容都是很冷静的，语言结构也很清晰，顺序上也并没有混乱和无序。而且你刚才所说过的'某个看上你的职业女经理人'，也是资料提供者之一。你要看那些截屏的打印件吗？"

他盯着搭档看了一会儿："你跟她睡过吧？"

搭档："嗯？什么？"

他："作为一个文化行业的企业家，我要严肃地告诉你，如果你参与到诽谤我的行列，那就是自寻死路。"

搭档："是你姐姐找的我，不是我主动找上门，这个逻辑你应该很清楚吧？"

他若有所思地点点头："我懂了，那些想吞并我的企业的人设了一个局，现在就是其中一环。"

搭档笑了："你的意思是说……"

他冷冷地扫了搭档一眼："我不屑于再跟你说任何一句话。"说完，起身走了。

几分钟后，我听到大门被重重关上的声音，紧接着他姐姐跑了进来："你们对他说了什么？"

搭档和我对看了一眼："有全程录音，你现在就可以听。"

关上催眠室的门后，我问搭档："我觉得他可能真的是妄想症——几乎完全生活在自己的世界里，一切都以自己为中心。"

搭档："不，他绝对不是妄想症，只是个骗子罢了。"

我有点儿没反应过来："嗯……啊？为什么这么说？"

搭档："之前那些资料我一字不落地看了，虽然情绪上有点儿问题，但情况基本属实。所以他今天说的这些不可信。更重要的是：凡是对他不利的，他就会有自己的一套说法，并且认定是阴谋。这点你应该也注意到了。"

我："对啊，他认定那些是阴谋，这不就是妄想症的特征吗？"

搭档："不，你没听懂重点，我是说'凡是对他不利的'。"

我愣了一下，然后明白了："你是说……"

搭档点了点头："他是一个利欲熏心并且自私到极致的人。他之所以给你一种妄想症的假象，是因为他只关注自己，除此之外都不重要。而且，他对自我的关注已经到了不惜伤害他人的地步。"

我："你是指他对那些女孩？"

搭档："不仅仅，他从内心深处就歧视所有女人。"

我："例如？"

搭档："他提到自己曾骚扰过的女人时，都是轻蔑的态度，也没有一丝因伤害了他人而产生的愧疚感。"

我回想了一下，的确是。

搭档："他这种态度甚至蔓延到自己的姐姐身上——因为他的原因，他姐姐离婚了，他对此丝毫没有悔意，反而用空话来作为承诺，以此让自己坦然。我猜当时他姐姐也是没办法，才借钱给他的。"

我："被他纠缠不休？"

搭档："不，应该是被他爸纠缠不休。我几乎可以断言，那件事儿当初他爸介入了。"

我："可是……我总觉得有点儿奇怪，怎么他们家这么惯着他？"

搭档："一是这姐弟俩都反复强调过的：家里只有他一个男孩……"

我："这个我也想到了，另外一个呢？"

搭档："很可能，他母亲去世时说过些什么，或者交代了些什么，这就是他在家里横行霸道、有恃无恐的原因。"

我："哦……心理过程的转换是：他认为女人都应该是服务于他，所以女人比他低贱……看他的状态和态度，应该是这样。"

搭档："也许还有别的。"

我："什么？"

搭档："这我就不能确定了，很可能是：他虽然对前妻很看不上，但是离婚并非他提出的，对他来说，也许这是个心理上的打击……这点我不太确定，但也没有深入了解的必要，因为我已经知道我要的答案了。"

我："对，你不说我几乎忘了，你昨天就神头鬼脸地藏着不说，到底是什么？"

搭档："叫他姐来吧，你马上就知道了。"

我点了点头。

中年女人："录音我听了一部分，还没听完。"

搭档："你觉得呢？"

中年女人："我觉得他病得不轻，好像比原来更严重了。"

搭档："这点上先不下结论，一会儿再说。请问，你知道他公司倒了之后在做什么吗？"

中年女人："他整天在自己住的地方待着，具体做什么我也不清楚。"

搭档："你是什么时候来这里的？"

中年女人："快 3 个月了吧。"

搭档："为什么来呢？"

中年女人显得有些支支吾吾："他总是跟我说……嗯……一些奇怪的话……我担心他，所以就来了……"

搭档："就是这个原因？"

中年女人："嗯……还有，他没钱了，所以给他送钱来，顺便看看他……"

搭档："没有别的了？"

中年女人："没……没有了。"

搭档略微前倾着身体看着她："你们俩还有个妹妹，对吧？为什么你们都始终没提过呢？"

中年女人："我妹……和他关系很不好……"

搭档："他从你妹妹那里也借过不少钱吧？"

中年女人："嗯……"

搭档："很多吗？"

中年女人默默点了点头。

搭档："他没有能力还钱，对吧？"

中年女人："对。"

搭档："你父亲的积蓄呢？是不是也被他拿走了？"

中年女人："嗯……也……也没剩多少了，现在基本每月都等着那点儿退休金。"

搭档："他欠了多少钱？"

中年女人："嗯……家里的和亲戚的……一共100多万吧……"

搭档："不，我指的不是这个，我问的是他欠银行的，包括恶意透支信用卡那部分。"

中年女人："这个……我不是很清楚……"

搭档："你确定？"

中年女人缓慢地深吸了口气："也有几百万吧……"

搭档："除了这些，还有人在告他，对吗？"

中年女人："对……"

搭档叹了口气："你打算让他继续这么下去？"

中年女人："他……他是我弟弟……"

搭档："没错，血缘是事实，可是，假如继续让他为所欲为下去，你们没法再帮他收场怎么办？"

中年女人："可我总得帮他……"

搭档直起身点点头："问题就在这里！如果我没猜错，你就是为这个来的。到目前为止，他已经山穷水尽，无力偿还诸多债务，所以这回希望你能帮他。但是，当你得知他所欠的债务是如此巨大的时候，你知道这次自己和家里的积蓄已经是无能为力了。所以，你希望能有个心理鉴定证明他精神不正常，这样好让你的宝贝弟弟逃脱罪责，是这样吧？"

中年女人木讷地抬起头："我……我知道他从小就被我们惯坏了，我也知道他很自大，但是我爸总是提醒我，家里就这么一个男孩，要是他有个好歹，自己也不活了，所以我们都……但这次我是觉得他真的不正常……"

搭档翻开手里的文件夹，把一些手机短信和邮件的截图打印件递了过去："你看完告诉我，他哪里不正常？他描绘那些色情场面的时候非常有条理，而且不得不说，动词用得还很精准。还有这些骚扰邮件，里面威胁某个知名女高管，说如果不给他钱、不和他见面，就把对方的照片和色情图片拼接在一起四处发……这是妄想症吗？"

中年女人并没有接过去，而是惊恐地看着搭档："你……你这是要害死他啊。"

搭档直视着她的眼睛，一字一句地说："不，是你们害的他。"

中年女人愣住了。

搭档："他干了这么多无耻的勾当，你们却从未从受害者的角度看过问题，你们要求对方改名字、换工作，要求对方躲开，但你们根本没打算制止他继续干那些龌龊事儿。因此，他越来越肆无忌惮，越来越有恃无恐。他认为只要躲在你们的庇护伞下，就一切安全。也正因如此，后面才会发生了这些。在你们的帮助下，他越发刚愎自用，越发狂妄自大，只会空谈而不会做事，最终，走到现在这一步。当你看到巨额债务的时候，当你发现这次没法再弥补的时候，你所选择的依然是怎么帮助他逃脱——你找了那么多家心理机构，无非是想证明他精神不正常，好让他继续恣意妄为。可是，有尽头吗？假如这次你们能帮他，那么下次呢？下下次呢？怎么办？你们所做的就是一直在纵容、包庇，你们从未让他离开过那个被你们精心制造的温暖摇篮，甚至毫不在乎他是否伤害到别人。但是，你想过吗？当他自我膨胀到摇篮装不下他的时候，你打算怎么办？"

中年女人愣愣地坐在那里，好一阵儿没开口。

搭档拉开抽屉，拿出钱，连同所有资料都装好，递过去："接受吧，摇篮已经支离破碎了，这是不可挽回的事实。而站在摇篮碎片上的，正是你们曾经细心呵护的浑蛋。"

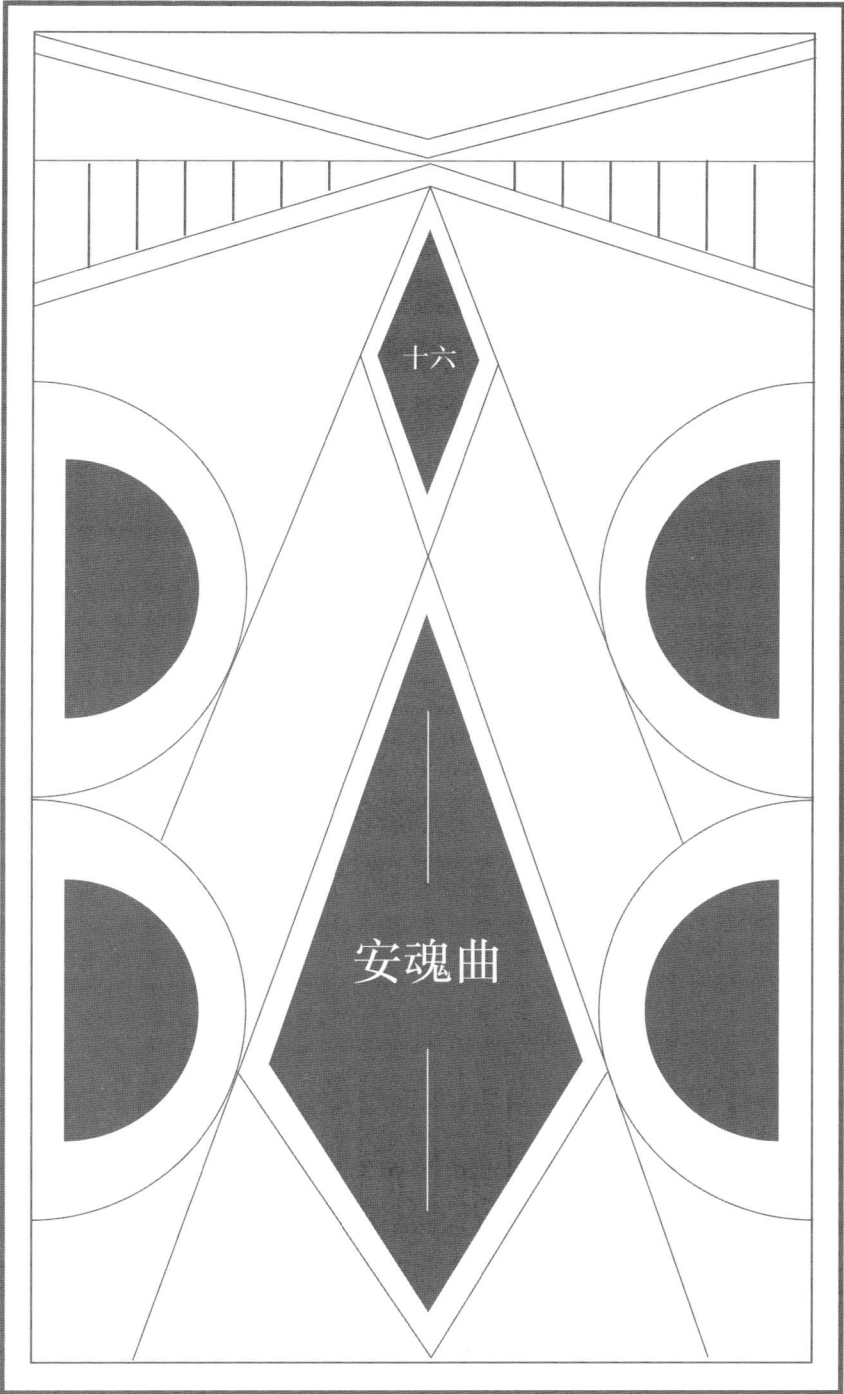

十六

安魂曲

当我拉开门后，发现门外站着一位拄着手杖的老人。我略带诧异地回头看了搭档一眼，然后把老人让了进来。

安顿他坐好后，搭档把水杯递了过去："您这是……"

老人接过水杯，四下打量了一下："你们，可以解决心理问题？"

搭档脸上带着客套的笑容："那要看是什么情况。"

老人的语气显得有些傲慢："就是说不一定喽？"

搭档："您说对了。"

"哦……"老人点点头，沉思了一会儿后又抬起头，"如果我只想和你们来聊聊呢？你们接待吗？"

搭档的用词相当委婉："真抱歉，那恐怕得让您失望了，我们是典型的私人营利机构。"

老人想了想："好吧。"说着，他从怀里掏出一个巨大的钱包，然后从厚厚的一叠钱中数出一些来，放在旁边的桌子上，"我不大喜欢信用卡，还是习惯带着现金……这些够了吗？我不会占用你们多久的时间，两个小时，这些钱可以让你们在这个无聊的下午陪我聊上两个小时吗？"

搭档并没像我想象中那样快速把钱收起来，反而皱了皱眉："在确定您神志清醒、思维正常之前，我们不会收钱的。"

老人笑了起来。

搭档不动声色地看着他笑。

老人擦了擦眼角："年轻人，你很有意思。"

搭档："谢谢。"

老人："好吧，钱就放在那里，我也不需要收据。当我走的时候，它依旧会放在那里，由你们处置。现在来说说我的问题吧。"

搭档："请讲。"

老人："我知道我活不了多久了，之所以来找你们，是因为我发现，自己这么多年来所做的一切都是错误的。"

搭档略微迟疑了一下："呃……为什么你……您不去找僧侣或者牧师请求赦免呢？"

老人笑着摇摇头："很多自称侍奉神的人，其实心里毫无信仰……"

搭档："可是，若是因为这个而来找我们，您不觉得您的行为本身更像是带有批判宗教性质的行为艺术吗？"

老人看着搭档，叹了口气："还是让我从头说起好了。看在钱的分儿上，你们就原谅一个老家伙的唠叨吧。"

搭档点点头。

老人双手扶着自己的手杖，眯着眼睛，仰着头，仿佛是在回忆："算起来，我从医 50 多年了，你们也许更看重心理活动和精神的力量，但对我来说，人就是人，一堆自以为是的行尸走肉，没什么了不起的。我已经记不清自己这些年到底站过多少个手术台，做过多少次手术，面对过多少个病人。我也记不清从什么时候起，我不再怕皮肤被切开、皮下脂肪翻起来的样子，我也不再恐惧那些形状奇怪的病变体组织，只是依稀记得在我还是个少年的时候，就不再害怕这些了。说起来，我这辈子见过的鲜血也许超过了我喝过的水，所以我对那些已经麻木了，以至于我会在手术时想起头一天吃过的晚饭。你知道这意味着什么吗？这意味着我不再对人的生命有敬畏感。这种观点甚至已经固化到我的骨髓里，我想都不用想就可以告诉任何人这个观点，这么多年，我就是这么过来的。"

搭档："您是医生？"

老人纠正他："曾经是，血管外科。"

搭档："哦……"

老人："在我看来，切开人体就和你做饭的时候切开一块肉的感觉差不多，唯一不同的是活人的手感略微有些弹性而已。你知道我在说什么吗？"

搭档："您是说您对此习以为常了？"

老人摇摇头："你当然不知道我在说什么。我的意思是说当一个人开始不尊重生命的时候，就会把生命当作商品来交易——尤其是我所从事的这行。在和同事开玩笑的时候，我经常会把手术室称作'屠宰场'。有那么一阵儿，我会把手术时切下来的各种病变组织放在秤盘上称，然后转过头问护士：'你要几斤？'"

搭档："听起来您似乎……私下收过患者的钱？"

老人笑了起来："收过？年轻人，我收过太多了，多到我自己都记不清到底有多少。要知道，在这行中我是佼佼者，我的照片上过各大医学杂志。在我还拿得稳柳叶刀和止血钳的时候，我的出场费高到你不敢想象。当我拿不稳刀的时候，我只是站在手术台旁指导的价格还是令人咋舌……是的，不用带着那种疑问的表情，我没说错，我说的就是出场费。在无影灯下，我就是明星。"

搭档依旧没有一丝表情："这并不值得骄傲。"

老人先是愣了一下，我看到他的脸上闪过一丝愤怒，而后又转为平静："你说对了，这并不值得骄傲。但你应该庆幸，如果是几年前你对我说这句话，我会用我的人脉让你就此离开这行。虽然我们并不是严格意义上的同行，但我确定我能做到。"

搭档："您是在威胁我？"

老人仔细地看了搭档一会儿："不，年轻人，我不会再做那种事，原谅我刚刚说的。让我就之前的话题继续下去吧。"

搭档点点头，并没有乘胜追击下去——我松了一口气。

老人："你知道是什么让我发现自己的问题，然后动摇了我曾经的认知吗？"

搭档："不会是梦吧？"

老人："你猜对了。"

搭档："那只是梦。"

老人："那不是梦。如果梦对心理活动造成了严重的影响，那梦和现实就没有区别。所以梦不是梦。"

搭档把拇指压在唇上，没再吭声。

老人："不过，你只猜对了一半。"他略微停顿了几秒钟，仿佛是在鼓起勇气才能说出口，"当某天醒来之后，我发现自己的梦和现实混淆在一起了。"

搭档："混淆在一起了？怎么解释？"

老人："在清醒的时候，我看到了梦里出现过的那些恶魔。"

搭档："您有幻觉？"

老人："你认为我神经有问题而产生幻觉？你可以这么认为，但是我知道那不是幻觉。"

"从医学上讲，"搭档此时表现得极为冷静和客观，"之所以叫作'幻觉'，是因为患者无法分辨清楚它和真实的区别，可是又无法证明。"

老人："我知道你不会相信，但对我来说，这不重要。相信我，一点儿也不重要。"

搭档："如果说……"

老人打断他："让我说下去吧！还是那句话，看在钱的分儿上，让我说下去吧！"

搭档："OK，您说了算。"

老人微微笑了下："很好，我就知道钱会让人屈服。虽然你的门口很干净。"

搭档："是的，我们经常打扫。"

老人摇摇头："你不明白我在说什么。在来这里之前，我去过几家所谓的心理诊疗所，但是当我看到他们门口聚集着那些恶心的小东西时，我就知道，里面的家伙和我是一样的货色。确认了几次后，我就不会再浪费自己的时间了。知道我为什么敲了你们的门吗？因为你们的门口是干净的，没有那些让人恶心的东西，所以，我决定进来看看。"

搭档："您所指的'恶心的小东西'是……"

老人："是的，我说的就是最小号的恶魔。它们比老鼠大一些，拖着长长的尾巴，一对尖耳朵几乎和身体一样长，绿莹莹的眼睛里透露出的都是贪婪和凶残。它们会躲在没有光的地方用上百颗细小的牙齿发出'咯吱咯吱'的声音，虽然我不清楚它们在说些什么，但是它们的喃喃低语无处不在。"

搭档紧皱着眉："您亲眼看到的？"

老人似笑非笑地抬起头盯着搭档："你认为我在吓唬你？年轻人，我早就过了恶作剧的年龄了。你不能明白的，那些东西已经伴随我多年了——在梦里。"

搭档："您很早以前就梦到过这些？"

老人："是的，但那时候它们只会在梦里出现，并没有存在于现实中，所以我根本不在乎。但是，当我的梦和现实混淆之后，我开始相信这个世上有神、有魔，还有那些我们叫不出名字的东西。它们到处都是。"

搭档默不作声地看着他。

老人："那天早上醒来，当我看到它们蹲在床前的时候，你们无法想象我对此有多么震惊，因为那颠覆了我所有的认知，抹杀了我所有的经验。我的年龄让我并不会害怕眼前的东西，但是当那些大大小小的鬼东西对着我指指点点并且交头接耳的时候，我才明白什么是恐惧。"

搭档若有所思地点点头："是的……恐惧……"

老人目光迷离了好一阵儿才回过神来："我问你，如果忽视自己的灵魂太久，直到将死才发现这一切，你最担心的会是什么？"

搭档想了一下后，摇了摇头。

老人闭上眼睛："总有一天，我的生命将抵达终点，而我却无处安魂。"

搭档："嗯……是这样……"

老人："也就是这几年，我才明白没有信仰是一件多么可怕的事。我曾经什么都不信，我只相信手中的柳叶刀和止血钳。当我看着那些血、皮肤、肌肉、被剥离出来的眼球、跳动着的心脏时，从未意识到那代表着什么。虽然有那么一阵儿，每次站在手术台旁边我都会刻意地去找，去找那些被我们称作'灵魂'或者有灵性的东西。可是我没找到过，也没有找到一丝它们曾存在的迹象。大脑很神秘吗？在我看来，它一点儿也不神秘，只是一大团灰色和白色的东西，被血管构建的网络所包裹着，它看上去甚至不好吃。"

搭档："是的，这我知道。"

老人："所以，我不相信灵魂，对信仰没有一丝敬畏，反而有点儿鄙视——那只不过是一些人编造出来的东西，并且用它骗了另一些人罢了。神啊，恶魔啊，都不存在，或者说，它们只存在于字里行间，只存在于屏幕和想象中。"

搭档："直到您在某个早上亲眼看到。"

老人："虽然我不喜欢你的口气，但是你说得没错，不过，我想说，年轻人，那不是最让我震惊的。"

搭档："那，是什么？"

老人直起弯曲的脊背，深深吸了一口气，停顿了一会儿，接着又恢复到原本扶着手杖的姿势："当我看到自己身边常常聚集着恶魔的时候，我没有惊讶；当我看到原来的同事身边聚集着更多恶魔的时候，我还是没有惊讶；因为我曾经做过的事情，他们也做过，我们都是活该。但是，当我看到我儿子身边居然也有那些丑恶的生物时，我惶恐不安。因为，他所做的一切都是我教的。我告诉他要从医，因为这行收入高，而且还会被人尊重；我还告诉他，生命只是血压、神经弱电，只是条件反射、记忆，根本没有什么灵魂，没有天堂，也没有地狱；我告诉他，更好地活着才是最重要的，问心无愧和高尚只是愚蠢的表现；我告诉他，信仰是一种无聊的自我约束，它只能束缚我们，而我们不会因此得到财富。我说了这么多年，说了这么多遍，他已经对此坚信不疑了。可是，这时候我却发现，我是错的。你有孩子吗？如果没有，你就不能明白那有多可怕。我看着我的儿子，一个年纪比你还大的中年人，看着他坦然地利用着那些我亲手教会他的下流手段，我不知道该说些什么，也不知道该做些什么，除了叹息，我什么也做不了。"

搭档："你没尝试着推翻自己曾经告诉他的那些吗？"

老人发出嘲讽的笑声："你认为可能吗？你要我去推翻那些曾经被我奉为生存之道的东西？这么多年来，我把一切都颠倒过来给我的儿子看，让他看了几十年，你认为现在我重新告诉他自己的感受，他能明白吗？不，他已经没办法听进去了，他和当年的我已经没有区别。我看着他，就那么看着他，像是看着当年的自己……有时候我就想，如果我的手不会颤抖的话，我会用自己所信赖的柳叶刀轻轻划过他脖子上的动脉，就这样。"说着，他抬手做了个割喉的动作，"只一下，他就解脱了。这样，我的儿子就不会走到我现在这种地步；这样，我的儿子就会没有任何愧疚地死了。"

搭档："您最好打消这种念头，这是犯罪！"

老人面容扭曲地笑了："说对了，这就是我要的，是我杀的他，那么就由我来背负他曾经的罪。假如我真的能做到的话。"

搭档："您……还要水吗？"搭档看出眼前这位老人的情绪很不稳定，似乎在崩溃的边缘，所以故意岔开一下话题。

老人摇了摇头："不，不需要。"他慢慢地镇定了下来，"最开始的时候，我只能见到恶魔。有时候我甚至会想：这个世上也许只有恶魔，如果真是这样就好了，那我反而安心了。"

搭档："您是说，您希望大家都下地狱吧？"

老人抬起一根手指，眯起眼睛看着搭档："假如，假如这世上只有地狱呢？"

搭档笑了笑："所以，就因此而屈服于恶魔？"

老人愣了一下："呃……这个我的确没想过……嗯，你说得有道理。可是，面对诱惑时，有多少人能坚持住？你能做到吗？"

搭档用拇指在嘴唇上来回滑动着："我不知道，因为我没试过。"

老人："所以你可以轻松地说着大话，对吗，年轻人？"

搭档想了想："也许您说得对，但是您得承认，神或者恶魔就算法力无边，也是没法直接操纵人的，因为人拥有自由意志。神对人施以告诫，恶魔对人施以诱惑，至于怎么做，人可以选择。我不知道您有没有明白我的意思。我是说，选择权，您有选择权。"

老人："你在责怪我？"

搭档："不，我没有权利责怪您，那是您的选择。"

老人："所以？"

搭档："所以您就得承担您选择的后果。每个人都一样。"

老人点点头："嗯，我听懂了，你心里在说：'老家伙，活该！'对不对？"

搭档保持着平静和镇定："我没那么想过，虽然意思一样，但是我对您的确没有这么极端的情绪。"

老人仰起头深深地吸了口气，然后恢复到镇定的表情："好吧，也许你是对的，我不想跟你再就这件事抬杠了，我还是继续说下去吧。我想说的是我见过天使。"

搭档："您是指某个人吗？"

老人困惑地看了一会儿搭档，然后做出恍然大悟的样子："啊！你不相信我所说的，你到现在都不相信我看到恶魔是和我们混居在一起的，对吗？所以你认为这其实是我夸张的表达方式，对不对？不不，我并没有，相信我并没有用夸张的表达方式，我说的都是真的。当然，在你看来，我是疯疯癫癫的糟老头，有严重的幻觉和幻听，唯一可靠的就是付钱了，至于我说什么，你甚至都没认真听过，你在想这个老东西什么时候滚蛋？他给的钱是不是真的？告诉你吧，我真的见到过天使，她会飞，她飞过人群，飞过每一个人的头顶。你知道当天使飞过自己头顶时是什么感觉吗？你有没有过那种时候：莫名其妙突然觉得温暖，充满勇气和力量？你知道那是为什么吗？因为天使飞过的时候，你能听到她所唱出的安魂曲——那就是为什么你会突然无端有了希望和勇气，还体会到宁静和安详，就像是天国的光芒在笼罩着你。"他把双手放在胸口，一脸陶醉的样子。

搭档并没搭腔，而是看了我一眼。从他脸上，我看不到任何情绪。

老人沉醉了一会儿后睁开双眼："你知道当恶魔在你周围徘徊时，你会有什么感觉吗？平白无故的，你会不寒而栗、头皮发麻，仿佛有什么恐怖的东西在盯着你看，你浑身的汗毛都会因此而竖起来。"他停顿了一下，神经质地四下看看，然后慢慢从惊恐中回过神，"那种时候，就是恶魔在你身边徘徊的时候。当然，也许它只是路过，并且打量着你，如果你身上有足够吸引它的东西，它就再也不会离开，一直跟着你，如影随形。它时常会在你耳边喃喃低语，即便你看不到，你依旧能听到不知从哪儿传来的、尖利牙齿摩擦的声音。那就是它。"

搭档："您，常能听到吗？"

老人看着搭档点点头："每一天。"

搭档："那听到安魂曲的时候呢？"

老人深深地叹息了一声："只有一次。"

搭档："您刚刚所说的'无处安魂'就是指这个吧？"

老人："是的，你说对了。自从见过一次之后，我几乎每天都仰着头看着天空，希望能再见到天使飞过。我想让她停下，想跟她说点儿什么。而且我认为，曾经的我是看不到天使的，现在我之所以能看到，是因为我的诚心悔过。我也许还有救。"

搭档："我想问您一个问题，可以吗？"

老人好半天才回过神："问题？好吧，你问吧。"

搭档："从医这么多年来，您有过见死不救的时候吗？"

很显然，这句话对老人来说是个极大的打击，有那么几秒钟，简直可以用惊慌失措来形容："呃……你是什么意思？也许有过。"

搭档："因为钱不够？或者对您不够尊敬？要不就是其他什么原因？"

老人："但是，我还救过人呢！"

搭档："那是您当初所选择的职业，这个职业就是这样的。但假如真的是您说的这样，为什么您会不安呢？我想，之所以不安，是因为您很清楚自己违背了什么吧？"

老人用怨恨的眼神盯着搭档："这就是你的问题？"

搭档点点头。

老人："有过又怎么样？难道你会大公无私地不收费也做诊疗吗？"

搭档："但我不会因此而要挟。"

老人："你确定你有权利责问我吗？别站在道德的制高点上说大话了！在我看来，你不过是个乳臭未干的毛孩子！"

搭档的语气平静而冷淡："如果我这么说的目的是想让您忏悔呢？"

老人怒目而视："凭你？你没有这个资格！"

搭档耸了耸肩："问题就在这里了。如果您愿意的话，您可以对每一个人忏悔，不管他是谁。但是您无数次放过这个机会，对吗？包括现在。"

老人一言不发，只是死死地盯着搭档。

搭档并没有避开他的目光："您看，您这么大岁数跑到这里来倾诉，并且还为此付费，但到目前为止，我所听到的只有两个字：恐惧。并没有一丝忏悔，也没有哪怕一点点内疚。您为自己曾经所做过的感到不安，但那只是您明白了什么是代价，您的恐惧也因此而来。"说到这儿，他叹了口气，"就目前来说，我没法明确地告诉您，是幻觉，或者不是幻觉。但我认为有一点您总结得非常好——梦和现实混淆在一起了，这个时候，是无路可逃的。至于天堂或者地狱，我不知道它们是否存在，但我宁愿它们真的存在。"

　　老人站起身："你不怕我用我的人脉让你滚出这行吗？"

　　搭档笑了："穷凶极恶和残暴是我最鄙视的行为，因为在它们之下一定是软弱。不过即便如此，我还是会从职业角度出发，给您一个我个人对这件事儿的看法。"

　　老人冷冷地从鼻子里"哼"了一声。

　　搭档："我认为，您是不会下地狱的。"

　　老人愣住了，抬起头看着搭档："为什么？"

　　搭档："您为什么要担心自己会下地狱呢？您已经在那里了啊。"

　　老人走后，我们俩谁都没说话，各自在做自己的事儿。

　　快到傍晚的时候，我问搭档："如果被迫不做这一行了，你会选择做什么？"

　　搭档头也没抬："和这行有关的。"

我：“为什么？”

搭档：“因为它收入高。”

我忍不住笑了：“就是这个原因？因为钱？你不怕堕落？”

搭档放下书，抬起头：“不，因为我的确听到过天使的安魂曲。”

十七

无罪的
叹息

"那么，你从事律师这个行业多久了？"搭档停下笔，抬起头。

她歪着头略微想了想："15 年。"

搭档显得有些意外，因为她看上去很年轻，不到 30 岁的样子："也就是说，从学校出来之后？"

她："对，最开始是打杂，做助理，慢慢到自己接案子。"

搭档："嗯，一步一步走过来的。那为什么你最近会突然觉得做不下去了呢？"

她："不知道，从去年起我就开始有那种想法。我觉得自己所从事的行业根本就不应该存在……嗯……就是说我对自己的职业突然没有了认同感。"

搭档："不该存在？"

她点点头："我为什么要替罪行辩护？"

搭档："我想你应该比我更清楚这个问题吧？从古罗马时期起就有律师这个行业，它存在的意义在于为那些无罪、却被人误解的人辩护……"

她打断搭档："我指的是，为什么要替罪行辩护？"

搭档："你能够在法律做出裁决之前判断出你的当事人是否有罪？"

她："实际上，你所说的就是一个逻辑极限。"

搭档："嗯？我没听懂。"

她："的确是应该依照律法来判断有罪与否，但律法本身是人制定出来的，它并不完善，所以假如有人钻了法律的漏洞，那么实际上有罪的人往往不会被惩罚，哪怕当事人真的触犯了法律，你也拿他没办法。而我所从事的职业，就负责找漏洞。我职业的意义已经偏离了初衷。"

搭档若有所思地点点头："有道理。"

她："也许你会劝我转行，但是除了精通律法外，别的我什么也不会。可是，这半年来由于心理上的问题，我一个案子也没接过，不是没有，而是我不想接。"

搭档："所以你来找我们，看看有没有什么办法？"

她："正是这样。"

搭档："好吧，不过在开始找问题前，我想知道你当初为什么要选择这行。"他狡猾地拖延着话题，以避免心理上的本能抵触，但实际上已经开始了。

她略微停了一下，想了想后反问搭档："你对法律了解多少？指广义的。"

搭档："广义的？我认为那是游戏规则。"

她："你说得没错，所以法律基本涉及了各个领域。它是一切社会行为的框架和标尺。"

搭档："So？"

她微微一笑："我的家庭环境是比较古板、严肃的那种，父母在我面前不苟言笑，一板一眼。你很聪明，所以你一定听懂了。"

搭档："呃……过奖了，你是想说因此你才会对法律感兴趣，因为你想看到框架之外？"

她："是这样。我非常渴望了解到框架之外的一切，所以我当初在选择专业时，几乎是毫不犹豫地选择了法律——因为那是整个社会的框架——只有站在边界，才能看到外面。"

搭档："嗯，很奇妙的感觉，既不会跨出去，又能看到外面……不过，我想知道你真的没跨出过框架吗？"

她："如果我说没有，你会相信吗？"

搭档看了她一会儿："相信。"

她对这个回答显得有点儿惊讶："你说对了，我的确从未逾越法律之外。"

搭档："但是你看到了。"

她点点头："嗯，我见过太多同行领着当事人从缝隙中穿越而出，再找另一个缝隙回到界内。"

搭档："那法外之地，是什么样？"

她："一切都是恣意生长。"

搭档："你指罪恶？"

她："不，全部，无论是罪恶还是正义，都是恣意生长的样子，没有任何限制。"

搭档:"这句话我不是很懂。"

她摸着自己的脸颊,仰起头想了一会儿:"有一个女孩在非常小的时候被强奸了,由于那个孩子年龄太小,所以对此的记忆很模糊,除了痛楚外什么都不记得了。而她的单身母亲掩盖住了一切,让自己的女儿继续正常生活下去。她默默地等,但她所等待的不是用梦魇来惩罚,而是别的。若干年后,凶犯出狱了,这个母亲掌握了他的全部生活信息,依旧默默地等,等到自己女儿结婚并且有了孩子后,她开始实施自己筹划多年的报复行动。她把当年的凶犯骗到自己的住处,囚禁起来。在这之前,她早就把住的地方改成了像浴室一样的环境,并且隔音。她每天起来后,都慢条斯理地走到凶犯面前,高声宣读一遍女孩当初的病历单,然后用各种酷刑虐待那个当年侵犯自己女儿的男人。但她非常谨慎,并不杀死他……你知道她持续了多久吗?"

搭档:"呃……几个月?不,呃……一年?"

她:"整整3年,1 000多天。他还活着,但是根本没有人形了。他的皮肤没有一处是正常的,不到一寸就被剥去一小块,那不是她一天所做的,她每天都做一点点,并且精心地护理伤口,不让它发炎、病变。3年后,他的牙齿没有了,舌头也没有了,眼皮、生殖器、耳朵,所有的手指、脚趾,都没有了。他的每块骨头上都被刻上了一个字:'恨'……而他在垃圾堆被发现之后,意识已经完全崩溃并且混乱,作为人,他只剩下一种情绪……"

搭档:"恐惧。"

她叹了口气:"是的,除了恐惧以外,他什么都没有了,他甚至没办法指证是谁做的这些。"

搭档沉默了一会儿："死了？"

她："不到一个月。"

搭档："那位母亲告诉你的吧？"

她看着搭档，点点头。

搭档："你做了什么吗？"

她："除了惊讶、核实是否有这么个案子，我什么也没做，实际上也没有任何证据。这个复仇单身母亲像是个灰色的骑士，她把愤怒作为利剑，而在她身后跟随着整个地狱……你问我法外之地是什么样子，这就是法外之地。"

搭档若有所思地喃喃自语着："是的，我懂了，罪恶和正义都恣意生长……"

她："我本以为法律之外同时也是人性之外，是一切罪恶的根源，但是当我发现法律之外也有我所能认同的之后，我开始怀疑有关法律的一切。或者说得直接一点儿：法律其实也只是某种报复方式而已，它和法外之地的那些没有任何区别，只是它看起来更理智一些——只是看起来。"

搭档："法律本身是构成社会结构的必要支柱，如果没有法律，我们的社会结构会立刻分崩离析……"

她："那就让它分崩离析好了，本来就是一个笑话而已。"

搭档诧异地看着她："我能认为你这句话有反人类、反社会倾向吗？"

她微微一笑："完全可以。"

搭档："那么……请问你有宗教信仰吗？"

她想了想："没有明确的。你认为我是信仰缺失才有现在这种观点的？"

搭档："不，以你在这行的时间、经验和感悟来看，你必定会有这种观点。"

她："嗯……不管怎么说，现在难题抛给你了——我该怎么做才能消除掉这种想法呢？我不想有一天因为自己失控而做出什么极端的事情来。"

搭档："你认为自己会失控？"

她："正因为不知道才担心。所以我这半年来没敢接案子，只是靠着给几家公司当法律顾问打发时间。"

搭档："我想把话题再跳回去——假如没有法律，那么岂不是一切都会失控？因为没有约束了。"

她："当你熟读律法，并且知道足够多的时候，你会发现法律在某种意义上只是借口。它所代表的就是一种看似理智的情绪，但是真实情况并不是这样。例如，当宣布某个穷凶极恶的罪犯被处以极刑时，许多人会对此拍手称快，不是吗？"

搭档："嗯……你的意思是：从本质上讲，这不过是借助法律来复仇？"

她："难道不是吗？"

搭档："但这意义不一样。因为每个人对于正义和公平的定义是有差异的，所以需要用法律来做一个平均值，并以此来界定惩罚方式。"

她："从社会学的角度看，你说得完全没错，但是你想过没，如果作为受害者来看，这种'平衡后的报复'公正吗？因为事情没发生在自己身上，人就不会有深刻的体会，因此也容易很轻松地做出所谓理智的样子，但假如事情发生在自己身上呢？"

搭档："你说得非常正确，但因为情绪而过度报复，或者因为没有情绪而轻度量刑本身的问题，才是逻辑极限。而且在法律上不是有先例制度吗？那种参照先例判决相对来说能平衡不少这种问题吧？"

她："如果所参照的那个先例就是重判或者轻判了呢？"

搭档想了想："我明白了，你并非不再相信法律，而是非常相信法律，并且很在乎它的完美性。"

她愣住了，停了一会儿后看着搭档："好像……你说对了……我从来没想过这个问题。"

搭档："也许是家庭环境，也许是职业的原因，你的逻辑思维非常强，所以你一开始就已经说出了核心问题：逻辑极限。那也是你希望能突破的极限。"

她："嗯……不得不承认你很专业，我从没自己绕回这个圈子来，那，我该怎么办？"

搭档看着她的眼睛："你愿意接受催眠吗？"

她："那能解决问题吗？如果能，我愿意试试看。"

搭档："我没法给你任何保证，但是通过那种方式也许能找到问题的根源所在。我们都知道了你的症结，但是目前还不清楚它是怎么形成的。"

她："都知道症结了，还不知道是怎么形成的？"

搭档点点头："对，因为心理活动不是某种固化的状态，而是进程。它不断演变，从没停过。"

她："明白了，好吧，我想试试。"

在催眠室旁边的观察室里，我不解地问搭档："我怎么没听到重点？你是要我从她的家庭环境中找原因吗？还是工作中？"

搭档调校着三脚架，头也没抬："不，这次我们从内心深处找问题。"

我："内心深处？你让我给她深度催眠？有必要吗？"

搭档："我认为有必要。"

我："你发现什么了？"

搭档："任何一个巨大的心理问题，都是从一个很小的点开始滋生出来的。"

我："又是暗流理论？"

暗流理论是我们之间一个特指性质的词汇，通常用来指那些即便通过交谈也无法获取到足够信息的人。他们表面平静如水，但仔细观察，会看到水面那细细的波纹，借此判断出那平静的水面之下有暗流涌动。我们很难从表面看出某人有什么不正常，但其言行举止的某种特殊倾向，能标示出他们内心活动的复杂。

搭档："嗯，她的理由看似都很合理，但是细想起来却不对，因为最终那些理由的方向性似乎都偏向极端，所以假如不通过深度催眠，恐怕什么也看不到。"

我打开摄像机的电池仓，把电池塞进去："你是指她的反社会情绪吧？"

搭档："嗯，扭曲得厉害。"

我："可许多人不都是这样吗？"

搭档抬起头看着我："如果她是普通人，或者是那种郁郁不得志的人，也算基本符合，但是从她描述自己这些年的工作也能看出，她属于那种事业上相当不错的人，而且她深谙法律。在这种情况下，她所表现出来的极端过于反常。所以我认为必定有更深层的问题导致她有这种念头。也许是她不愿意说，也许是有特殊的原因让她从骨子里就开始隐藏关键问题——我指的是潜意识里。"

我想了想，听懂了："明白了，你是说有什么症结把她所有的方向都带偏了，每次都影响一点儿，所以即便一切都是积极的，最终她还是会有消极的甚至是极端的念头？"

搭档："就是这样。"

我："这么说的话……我倒是有个建议。"

搭档："什么？"

我："深催眠，同时让她把最深处的自我具象化。"

搭档："嗯？你要她打开最核心的那部分？你不是最不喜欢那样吗？"

我："不喜欢的原因是太麻烦，但是我觉得她似乎有自我释放的倾向。"

搭档："自我释放……嗯……好吧，你的领域你来决定。"

"对，做得非常好，再深呼吸试试看。"我在鼓励她自我放松。

她再次尝试着缓慢地深深吸气，再慢慢吐出："有点儿像是做瑜伽？"

我："你可以这么认为，不过我们接下来要伸展的不是你的身体，而是你的精神。"

她："像我这种刻板或者规律化的人会不会不容易被催眠？"

我："不是，这个没有明确界限或者分类，事实上，看似散漫的人比较难一些，因为他们对什么都不在意，对什么都不相信，所以那一类人最棘手。"我在撒谎，但是我必须这么做，我可不想给她不利于我催眠的暗示。

她又按照我说的尝试了几次："嗯，好多了。"

我："好，现在闭上眼睛，照刚才我教给你的，缓慢地，深呼吸。"我的语速同时也故意开始放慢。

她在安静地照做。

我："你现在很安全，慢慢地，慢慢地向后靠，找到你最舒适的姿势，缓慢地深呼吸。"

她花了几分钟靠在沙发背上，并且最终选择了一个几乎是半躺的姿势。

我："非常好，现在继续缓慢地呼吸，你会觉得很疲倦……"

在我分阶段进行深催眠诱导的时候，搭档始终抱着双臂垂着头，看起来似乎是打盹的样子，但我知道那是他准备进入状态的表现。他偶尔会用一种自我催眠的方式同步于被催眠者，我曾经问过搭档这样做有什么好处，他说用这种方式可以把之前的印象与概念暂时隔离，然后以清空思维的状态去重新捕捉到自己所需的信息。他这种特有的观察方式我也曾经尝试过，但是没什么效果。所以我曾经无数次对他说，那是上天赐予他的无与伦比的能力。而他丝毫不掩饰自己的骄傲："是的，我是被眷顾的。"

"……非常好……现在你正处在自己内心深处，告诉我，你看到了些什么？"我用平缓的语速开始问询。

她："这里是……海边的……悬崖……"

出于惊讶，我略微停了一下，因为这个场景意味着她内心深处有很重的厌世感："你能看到悬崖下面吗？"

她："是……是的……能看到……"

我："悬崖下面有些什么？"

她："海水……黑色的礁石、深灰色的海水……"

我："告诉我你的周围都有些什么？"

她迟疑了几秒钟："有一条……一条小路……"

我："是笔直的吗？"

她："不，是……是一条蜿蜒的小路……"

我："你能看到这条小路通向什么地方吗？"

她："通向……通向远处的一个小山坡……"

我："那里有什么？"

她："有……有一栋小房子。"

我："很好，你愿意去那栋小房子里看一下吗？"

她："可以……我……我去过那里面……"

我："那是什么地方？"

她："那是……是我住的地方。"

我想了想："那是你的家？"

她："不，不是……但是是我住的地方。"

我点点头："你在往那里走吗？"

她："是的。"

我："路上你能看到些什么景色？"

她的语调听上去有些难过："荒芜……的景色……"

我："为什么会这么说？"

她的声音小到几乎听不清："干燥的……土地……灰暗的天空……枯萎的灌木……荆棘……没有人烟……荒芜……荒芜……只有远远的小山坡上，有一栋小木屋……那是我住的地方……我住的……地方……"

我这时才意识到，她似乎还有极重的自我压制倾向："你走到了吗？"

她："还没有……还没走到……"

我："看得到脚下的小路是什么样子吗？"

她："是的……看到……是……一条土路……"

我低下头观察了一下她的表情，看上去她微微皱着眉，略带一丝难过的表情，而更多的是无奈。这时候我看了一眼搭档，他像个孩子一样蜷着双腿缩在椅子上，抱着膝盖，眉头紧皱。

我故意停了一小会儿："现在呢，到了吗？"

她："是的。"

我："我要你推开门，走进去。"

她："好的，门推开了……"

我："现在，你进到自己住的地方了吗？"

她："没有……"

我："为什么？"

她似乎是在抽泣着："里面……到处都是灰尘……好久……没回来过了……"

我："它曾经是干净的吗？"

她："不，它一直就是这样的……第一次，就是这样的。"

我又等了几秒钟："你不打算再进去吗？"

她抽泣着深吸了一口气，停了一会儿："我……在房间里了。"

我："详细地告诉我，你都看到了什么？"

她的情绪看上去极为低迷，并且阴郁："尘土……到处都是尘土，书上、椅子上、桌子上、书架上、窗子上……被厚厚的尘土……覆盖着……"

我："房间里有家具吗？"

她："只有很少的一点儿……桌子、椅子、书架，还有一些很大的箱子。"

我："都是木头做的吗？"

她："是……是的……"

我稍微松了一口气，因为假如家具是铁质或者其他什么奇怪的材质，那很可能意味着她有自我伤害的倾向——也许有人觉得这无所谓，但我知道那是一个多严重的问题。

我："这里有很多书吗？"

她："是的。"

我："你知道那些都是什么书吗？"

她："是的。"

我："你看过吗？"

她："都看过……"

我："书里都写了些什么？"

她："书里的……都是……都是……我不想看的内容……"

我："那，什么内容是你不想看的？"

她："……不可以……"

我没听明白，所以停下来想了想："什么不可以？"

她："不可以……书里不让……没有……不可以……"

我费解地抬起头望向搭档，向他求助。他此时也紧皱着眉头在考虑。几秒钟后，他做出了一个翻书页的动作，我想了想，明白了。

我："我要你现在拿起手边最近的一本书，你会把它拿起来的。"

她显得有些迟疑，但并未抵触："……拿起来……好的，我拿起来了……"

我："非常好，你能看到书名是什么吗？"

她："是的，我能看到。"

我："告诉我，书名是什么。"

她："禁……止。"

我："现在，打开这本书。"

她："我……打不开它……"

我："这是一本打不开的书吗？"

她："是的，是一本打不开的书……"

我："为什么会打不开呢？"

她："因为……因为书的背面写着……写着：不可以……"

我："所以你打不开它？"

她："是的。"

我："你能看到书架上的其他书吗？"

她："看得到……"

我："你能看得到书名吗？"

她："是的，我看得到……"

我："你愿意挑几本书名告诉我吗？"

她："好……好的……"说着，她微微仰起头，似乎在看着什么，"不许可、不能跨越、无路、禁止、禁断……"听到此时，搭档突然愣了一下，似乎捕捉到了点儿什么。

我："房间里的其他书呢？你能打开它们吗？"

她的呼吸开始略微有些急促："我……我做不到……"

我："是你打不开，还是你做不到？"

她："我打不开……我做不到……"

我没再深究这个问题，而是转向其他问题："这个房间里的每一本书都是这样的吗？"

她："是的，每一本……"

我低头看了一眼本子上记下的房间陈设，然后问："在那些很大的箱子里，也是书吗？"

她："不是的……"

我："那，你知道里面都是些什么吗？"

她："是的，我知道……"

我："能告诉我在箱子里都有些什么吗？"

她稍微平静了一些："衣服。"

我："箱子里都是衣服？"

她："是的……"

我："都是些什么衣服？"

她："西装、皮鞋……领带……"

我："那些是谁的衣服？"

她："都是我的衣服……都是我的衣服……"

此时，搭档无声地站起身，对我点了点头。

我抬起手指指了指自己的额头——这是在问他是否保留被催眠者对此的记忆。

搭档继续点了点头。

我把目光重新回到面前的她："你能透过窗子看到窗外吗？"

她："是的。"

我："是什么样的景色？"

她："灰暗的、凄凉的……"

我："你能看到一束光照下来吗？"

她："一束光……一束……是的，我看到了……"

我："你已经在木屋外面，正向着那束光走去。"

她："我在向着光走去……"

我："那束光会引导你回到现在，并且记得刚刚所发生的一切，当我数到……"

我："看样子，你捕捉到了。"

搭档隔着玻璃看了一眼正在催眠室喝水等待的她，转回身点点头："根源倒是找到了，但有点儿意外。"

我："你是指她的性取向吧？"

搭档："是的，她是同性恋。"

我："嗯，但我不理解她是怎么转变到反社会思维的，纯粹的压抑？"

搭档："结合她的性格，我觉得也说得通。"

我又看了一眼手里本子上的记录："她的性格……家庭环境……还有哪些？工作性质？"

搭档抱着肩靠在门边："嗯，这些全被包括在内，而且还有最重要的一点。"

我："什么？"

搭档："她那种略带扭曲，却又不得不遵从的自我认知。"

我："你这句话太文艺范儿了，我没听懂。"

搭档笑了："让我分步骤来说吧。你看，她的家庭环境不用多解释了吧？催眠之前她自己形容过，是偏于刻板、严肃的那种，这意味着什么？一个框架，对吧？在这种环境下成长起来的孩子，通常会划分为两个极端，要么很反叛，要么很古板、固执。但有意思的是，通常反叛的那个内心是古板的，而看似古板的那类，内心却是极度反叛的，甚至充满了极端情绪和各种夸张的、蠢蠢欲动的念头。她就是第二种。说到这儿为止，已经有两个框架在限制她了。"

我："嗯，家庭气氛和家庭气氛培养出的外在性格特征。"

搭档："OK，第三个框架来自她的工作性质：法律相关。我觉得这点也无须解释。那么至此，在这三重框架的圈定内，她的所有想法都应该是被压制的，这从她对自我内心的描述就能看得出来：荒芜、凄凉、低迷，一个末日般的场景。但也正是这个场景反而能证明她对感情的渴望以及期待。在一片荒芜之中，就是她住的地方——那个小木屋。假如没有那个木屋，我倒是觉得她的情况比现在糟得多，因为那意味着绝望。"

我点了下头："是这样，这个我也留意到了。"

搭档："但是木屋里面的陈设简单到极致，对吧？充斥其中最多的就是书，一些根本打不开的书。为什么是这样，你想过吗？"

我："嗯……应该是她不愿意打开。"

搭档："正确。那她为什么不愿打开呢？"

我："这个……我想想……应该是……书名？就是书名的原因吧？"

搭档："非常正确，就是这样的。那些书的书名全部都是各种禁止类的，所以她不愿意打开，所以她的房间没有任何能提供休息的地方，连床都没有，所以她才会把那些象征着男性的衣服都收进箱子，而不是像正常的衣物那样挂着……现在我们再跳回来，我刚刚说到，她那扭曲、却又不得不遵从的自我认知……现在你明白这句话了吗？"

我仔细整理了一遍思路："……原来是这样……那么，她把男性化的衣物藏起来，其实就是说，她所隐藏的是同性性取向……她从小成长的环境、她对自我的认知、她工作的性质，让她必须压制同性性取向的冲动，因为她认为这违反了她的外在约束和自我约束……"

搭档："是的，当没有任何突破口的时候，这股被压制的力量就只能乱窜了。仿佛是一头被关在笼子里的野兽一样，疯狂地乱撞着。这时已经不是找到门的问题，而是更可怕的：毁掉整个笼子。或者我们换个说法：毁掉一切限制，让能够限制自己的一切都崩坏，让所有框架不复存在！"

我："是的……法外之地……"

搭档："根源只在于她无法表达出自己的性取向……"

我："那你打算怎么解决这个问题呢？"

搭档摇摇头："没有什么我们能解决的。"

我："啊？你要放弃？"

搭档："不啊，只要明白告诉她就是了。"

我："就这么简单？"

搭档点点头："真的就是这么简单，有时候不需要任何恢复或者治疗，只需要一个肯定的态度。"

我："呃……我总觉得……"

搭档："什么？"

我："我是说，我怕这样做会给她带来麻烦。你知道的，虽然我们大家都在说工作是工作，生活是生活，但其实工作也是生活的一部分，很多时候必定会影响到，我只是有些担心。"

搭档："你什么都不需要担心，我们生来就是要应对各种问题的，每一天都是。”

我又看了一眼催眠室，点了点头。

搭档："走吧，她还等着呢。"说着，搭档抓住通往催眠室的门把手。不过，他并没拉开门，而是扶着把手停了一会儿。

我："怎么？"

搭档转过身："我刚想起来一件事儿。"

我："什么？"

搭档："她对内心的描述，很像某个同性恋诗人在一首诗中所描绘过的场景。"

我："荒芜的那个场景？"

搭档点点头："是的。"

我："原来是这样……"我透过玻璃门看着催眠室里的她，她此时也正在望着我们。

搭档："虽然她从事的职业与法律相关，但是她却活在框架里太久了，能够替别人脱罪，却无法赦免自己……就像是对法律条款的依赖一样，她的自我释放也需要一个裁决才能赦免自己……"

我："一会儿你和她谈的时候，是要给她一个无罪的裁决吗？"

搭档压下门把手："不，她需要的，只是一声无罪的叹息。"

尾注

代后记

问：催眠真的不是睡眠吗？

答：关于这一点，我可以给出肯定的答案——催眠不是睡眠。

问：催眠与睡眠之间最大的不同是什么？

答：这两者之间最大的不同是：睡眠具有自我主导意识（是潜意识层面的，而不是意识层面的）。在睡眠状态下，潜意识活动和本能反应有着直接的主导权和信息交换功能。例如：在睡眠状态下，你所扮演的角色通常是自由且不确定的，你的自我角色定位具有很大的随机性。当然，这并不是真的随机，而是由潜意识所决定的。同时，在睡眠当中，外界的一些情况变化会使你出于本能地接收到，并且反映到梦境中——比如环境稍微变得有点儿凉，那么很可能你会梦到自己衣服穿少了，或者正身处在寒冷地带，诸如此类。

而在催眠状态下，潜意识主导权或被削弱，或被交出，同时与本能反应的信息交换也相对减少了很多。例如：在催眠状态中，被催眠者的角色定位很单一，要么是重现某个场景中曾有的固定角色，要么是观察者身份，这是由催眠师所决定的，被催眠者没有其他选择。同时，环境变化所带来的影响并没有那么严重（当然，假如剧烈的环境变化还是会对被催眠者有影响，所以催眠时需要一个安静且不被打扰的环境）。

问：我曾经尝试过被催眠，没有成功。催眠不是对所有人有效吗？

答：催眠的确不是对所有人有效的，有极少的一部分人很难被催眠，因为他们自我警戒意识很强。但你刚刚所说的这种情况我认为不是那么简单。首先我想知道：当时你被催眠的动机是什么呢？仅仅是好奇尝试？还是打算验证？或者出于心理问题而必须进入催眠中去找到源头？我猜是前两种情况吧。那么我会很负责地说明，没有主题的催眠是很不容易成功的。催眠并非想起来就催个眠，看看这是不是真的，或者是否好玩儿。催眠的动机和催眠后所需要获取的主题都是催眠不可或缺的一部分。出发点的不同可以直接影响到催眠效果，所以大多数时候，催眠本身是和心理诊疗有着捆绑关系的一个特定存在，假如脱离出这种关系，那么催眠则很难具有效力和专业性。仅仅是出于好奇的话，当然很难被催眠成功，因为在这种情况下，被催眠者的警觉度非常高，对于催眠也会有额外的阻抗——质疑。但如果是出于解决心理问题的催眠，那么肯定是有主题的，被催眠者也会相对来说更容易接受催眠。那时你顾不上质疑"催眠是真的吗？"而是更关注"我的问题怎么解决？"除了这些之外，还有一个关键点：催眠师的专业性。

另外，请不要相信魔术师的表演——那只是表演。

问：那为什么一些表演性质的群体催眠很容易成功呢？被催眠者会明确表示出自己的确被催眠了，同时讲出被催眠后的感受？

答：这个问题请参考本册《番外篇：关于梦和催眠》一文。

问：催眠存在深浅之分吗？

答：存在。深度催眠相对来说需要足够的强化暗示，从而达到让被催眠者放弃更多主导意识的目的，并借此打开潜意识及记忆深层。不过，通常不需要进行深催眠，因为那既麻烦又困难，还需要几倍于一般催眠的准备时间——这里的准备时间是指：通过同被催眠者的接触、交谈等来消除其警戒心理，获取更多的信任。

问：自我催眠存在吗？

答：自我催眠实际上算是自我暗示，并不完全属于自我催眠，暗示和催眠还是有差异的。

问：催眠不是暗示吗？

答：不是。催眠是结果，暗示是手段。

问：自我催眠可以到达深层催眠的程度吗？

答：做不到，因为催眠者在进行主导意识的同时，无法做到放弃意识。

问：以催眠为目的的暗示只在专业领域有应用吧？

答：正相反，很常见。例如，在电视广告中，你会看到美女或帅哥使用某种商品，并且展示"使用后"看上去多么动人、多么美丽，这就是催眠性质的暗示。假如你真的使用某产品，就会像她／他那样光彩动人吗？不，那只是商家在给你施加暗示罢了。实际上，我们都知道那是不可能的。但你必须承认，这对有些人的确有效。他们会从看到广告开始就进入被催眠状态，直到买下该商品、使用一段时间后恍然大悟为止。不过，如果下次有更漂亮的美女或帅哥来做新品广告，他们依旧会乐此不疲地继续被催眠……这种例子多到举不胜举，极为普遍。

问：那么，除商业行为之外呢？催眠暗示在日常生活中常见吗？

答：一样，极为常见。比方说在工作的时候，我们对上司或下属提出某种建议，真正能打动人的建议一定是描绘出未来蓝图的——以还未发生的假设前景使得对方来接受这种建议。我们通常都会不知不觉去接受这种假设的未来，并且以此来作为落实现在的依据。但是，那个未来在当下并不存在，也不属于必然因果关系，对不对？所以，它只是一种以催眠为目的的暗示。这种暗示在我们生活中太常见了，所以很难被意识到其实这就是催眠暗示。当然，它的成功率也和描绘人有直接关系——善于使用语言和文字的人会更容易成功。假若描绘人曾经实现过自己所描绘的，或者其假设和接收人想法相近，那么成功率则大幅提升。在这种情况下，那个未来实现的概率实际上也极大。

问：如果催眠暗示行为这么普遍的话，岂不是在我们生活中到处都有催眠的影子了，只是在大多数情况下，我们并没有留意到这点？

答：这正是我要说的——催眠，无处不在。